核与辐射安全科普系列丛书之二

核　　电

环境保护部核与辐射安全中心　编著

中国原子能出版社

图书在版编目（ＣＩＰ）数据

核电 / 环境保护部核与辐射安全中心编著 .
— 北京 : 中国原子能出版社 , 2015.12
（核与辐射安全科普系列丛书）
ISBN 978-7-5022-7039-1

Ⅰ . ①核… Ⅱ . ①环… Ⅲ . ①核电站 – 普及读物
Ⅳ . ① TM623-49

中国版本图书馆 CIP 数据核字 (2015) 第 315516 号

核电（核与辐射安全科普系列丛书）

出版发行	中国原子能出版社（北京市海淀区阜成路 43 号　100048）
策划编辑	付　凯
责任编辑	侯茸方
装帧设计	井晓明　赵　杰
责任校对	冯莲凤
责任印刷	潘玉玲
印　　刷	北京新华印刷有限公司
经　　销	全国新华书店
开　　本	710 mm × 1000 mm　1/16
印　　张	7.25
字　　数	140 千字
版　　次	2015 年 12 月第 1 版 2017 年 10 月第 2 次印刷
书　　号	ISBN 978-7-5022-7039-1　　　定　价 34.00 元

订购电话：010-68452845　版权所有 侵权必究

《核与辐射安全科普系列丛书》编委会

《核电》编写人员

主　编

李　森

编写人员

高新力　王　璐　李　娟　赵丹妮　张　浩

总　序

　　日本福岛核事故后，核电的安全性再一次在全球范围内引起广泛关注，但大多数公众对核能的认知还是停留在事故和灾难的阴影中。核电的社会接受度问题成为核能发展的重要瓶颈。就我国而言，还存在着公众对核与辐射知识匮乏，科普工作较为滞后，公众参与程度较低，信息公开透明程度不够，有效的信息反馈机制缺失等问题。因此，创新和完善核与辐射安全科普宣传体系和手段，提升核与辐射安全科普宣传实效，是提升国民科学素养，营造核电良好外部发展环境，提高公众对核电发展的接受度的有效途径，对促进核电事业安全高效发展具有重要意义。

　　为普及核与辐射安全知识，增强科普培训的针对性和有效性，国家核安全局核设施安全监管司委托环境保护部核与辐射安全中心制作针对不同对象的包括多媒体演示课件和配套文字资料的科普培训系列材料。经项目组多次讨论研究，目前该系列材料分为核能、核电、核燃料循环辐射环境影响和管理、核燃料循环、辐射防护、核技术利用、电磁辐射、核与辐射安全监管和核与辐射应急九篇，后续将根据需求进行续编。

　　本培训材料编写的目的，首先是让普通公众喜爱看，然后是看得懂，最后达到信任的目的，这是编写过程中一以贯之的理念。为保证科学性（写准），实用性（针对性），趣味性（喜闻乐见），编写过程中力求通过"三化"，即"专业化、通俗化、图示化"来实现上述"三性"。此外还要注意处理好专业与通俗，全面与片面，严肃与活泼，风险与利益，编写人的认知与公众的认知的平衡；同时结合时事热点，收集网络上错误的观点，通过反面问题来说明；尝试在编写中体现艺术感，具有一定的审美意识，表达核安全文化的人文关怀，这是更高一层的要求。

核能发展，科普先行，只有让更多的人走近核能、了解核能、信任核能——这一高效、清洁的非碳能源，核能才能实现高效安全的健康发展。

由于时间仓促，加之编写组实践经验和认识水平有限，难免有错误或不当之处，衷心盼望有关专家和广大读者不吝赐教，提出宝贵意见，以便改正。

《核与辐射安全科普系列丛书》编委会

2015年12月10日

序 一

随着文明的发展，人类在环境和能源问题上面临重大挑战，寻求清洁、高效、可靠的新能源势在必行。2015年联合国发展峰会上，中国发出了"探讨构建全球能源互联网，推动以清洁和绿色方式满足全球电力需求"的倡议，阐明了中国发展清洁能源的立场。为应对能源形势的新挑战，我国"十三五"规划中将能源结构调整作为下一阶段发展的主要着力点。积极推进能源供给侧改革，必须倚重清洁能源技术。核电作为清洁能源中一种成熟的基础能源，在改革进程中必将发挥重要作用。

积极推进核电建设不仅是我国重要的能源战略，也是国家"一带一路"和"走出去"战略的客观需求。近年来，我国风电、水电、太阳能等清洁能源和可再生能源获得突飞猛进的发展，但核电装机总量却仍处于低位。目前我国在运核电装机容量仅占电力总装机容量的2%左右，而一些发达国家则远高于此。如核电占比世界第一的法国，其核电装机容量占比高达77.7%，韩国为34.6%，俄罗斯为18%，美国将近20%。即便顺利实现规划目标——到2020年，我国在运在建核电总装机容量达到8 800万千瓦，其在我国能源总规模中占比仍然不大。为此，必须积极推进核电的安全高效发展。

我国运行核电机组安全业绩良好，迄今未发生国际核事件分级（INES）2级及其以上的运行事件，运行指标普遍处于世界核电运营者协会（WANO）中值以上，核设施周边环境辐射水平处于正常范围，核电厂的核辐射安全都处于受控状态。即便如此，仍然有许多公众对核与辐射安全不够了解，甚至存有误解。自日本福岛事故以来，人们似乎谈"核"色变，一方面斥责火电高能耗、高污染，一方面对核电的安全性存在顾虑。与此同时，国家对维护公众在重大项目中的知情权、参与权和监督权也愈加重视，公众意见已成为核能及相关项目能否落地的决定性因素之一。多方因素表明，核与辐射安全相关的科普宣传及与公众的沟通亟待加强。

《核与辐射安全科普系列丛书》首次从监管的视角，立足于核与辐射安全，从多个角度较为系统、全面地介绍了核能利用及其监管、核与辐射安全相关知识。系列丛书分为核能、核电、核燃料循环辐射环境影响和管理、核燃料循环、辐射防护、核技术利用、电磁辐射、核与辐射安全监管以及核与辐射应急等九个部分，丛书坚持以科学性为本，兼顾趣味性和通俗性，图文并茂，深入浅出。语言、示例贴近生活，形象又不失准确；数据、结论来源权威，审慎且不失活泼。为大家了解核能、核技术及核与辐射安全提供了一套较为容易"读懂"的读物。

写一套好的科普读物并非易事，好的科普书在于唤起公众的兴趣、提升人文情怀和传播正能量，相信这套丛书将把核电的安全和环保介绍给公众，更促进我国核电的安全高效发展。同时希望读者多提宝贵意见和建议，以便及时修订完善。最后，衷心感谢编者们为我国核能利用发展、公众沟通和环境保护所做的努力和贡献。

序 二

　　正处在工业化、城镇化发展阶段的中国，在追求经济发展同时也肩负生态文明建设的艰巨任务，可靠、稳定、安全、清洁、低碳的电力供应是国家经济发展和生活稳定的必要条件。面对环境治理和气候变化的挑战，安全、高效地发展核电是中国走向能源清洁化、低碳化的重要选择。核能利用，是一种大规模产生能源的方式，神奇但是并不神秘，如果管理得当，它将为我们带来巨大的社会效益。然而，就在我国意在大力发展核电的同时，却遭遇到了重重阻力。2016年4月1日，习近平在第四届华盛顿核安全峰会上的讲话中说，"学术界和公众树立核安全意识同样重要。我们还要做好核安全知识普及，增进公众对核安全的理解和重视。"国家核安全局局长李干杰曾指出，目前核电发展面临的最大的问题、最大的约束和瓶颈，不是技术问题，而是公众沟通、公众可接受度的问题。

　　公众对核与辐射安全的接受度与其对核与辐射安全的认知、态度、行为有着极其重要的关系。改变及提升公众的认知、态度、行为，必须开展行之有效的公众沟通工作，而科普宣传则是公众沟通工作中重要的一环。核与辐射事件和事故作为当前重要的突发环境事件，如果处置不当，就可能引发远超事故本身影响范围的社会公共事件，科普宣传开展的好坏直接影响涉及或参与事件人的反应，成为影响事件应对好坏的关键所在。比如2009年河南杞县的卡源事件最终演变为大规模的公众恐慌事件，究其主要原因是公众对放射源知识的缺乏。我国虽然很早就开展了核能和核技术开发利用工作，但长期以来对核与辐射安全文化的宣传和培育不足，大多数人的核与辐射知识十分匮乏，加上一些不恰当的宣传和误导，给核科学技术蒙上了一层神秘的面纱，公众对于核与辐射极度敏感，谈核色变。

《核与辐射安全科普系列丛书》从核能、核电、核燃料循环辐射环境影响和管理、核燃料循环、辐射防护、核技术利用、电磁辐射、核与辐射安全监管以及核与辐射应急九个方面，用尽可能通俗易懂的语言全面、系统地将核能与核技术利用的方方面面进行了讲解。

当然，由于在专业性和通俗性的统一上，存在一定的难度，该系列丛书难免会有一些瑕疵和不足，但是编者们在核与辐射安全知识科普工作中表现出的社会责任感和探索精神值得尊崇。且这类科普读物正是目前我国核电发展和社会公众所急需的，希望大家通过阅读这套丛书，既能认识到核能和核技术造福人类的巨大价值，同时也能正确理解核与辐射对环境和人类的影响及其潜在危害性，增强理性应对涉核事件事故的能力，促进核能与核技术更好地造福于人类。

潘自强

前　言

　　本书首先介绍了核电是什么，包括核电厂的发展、分类以及核电厂在国际上和我国应用的现状。其次介绍了我们为什么需要核电，核电厂相比较其他能源的优越性在哪里，从环保、经济、高效等方面分别描述核电应用的优点。再者介绍了核电厂会带来的影响有哪些，核电厂的核辐射到底有多少，我们如何消除核电厂带来的这些影响。最后介绍了核电厂如何应对核事件，采取哪些措施以保障核电厂的安全，确保应用核电的安全性。

　　本书由李森主编，高新力、王璐、李娟、赵丹妮、张浩参与编写。其中第一章由高新力执笔；第二章由赵丹妮执笔；第三章由李娟执笔；第四章由张浩执笔；第五章由王璐执笔。

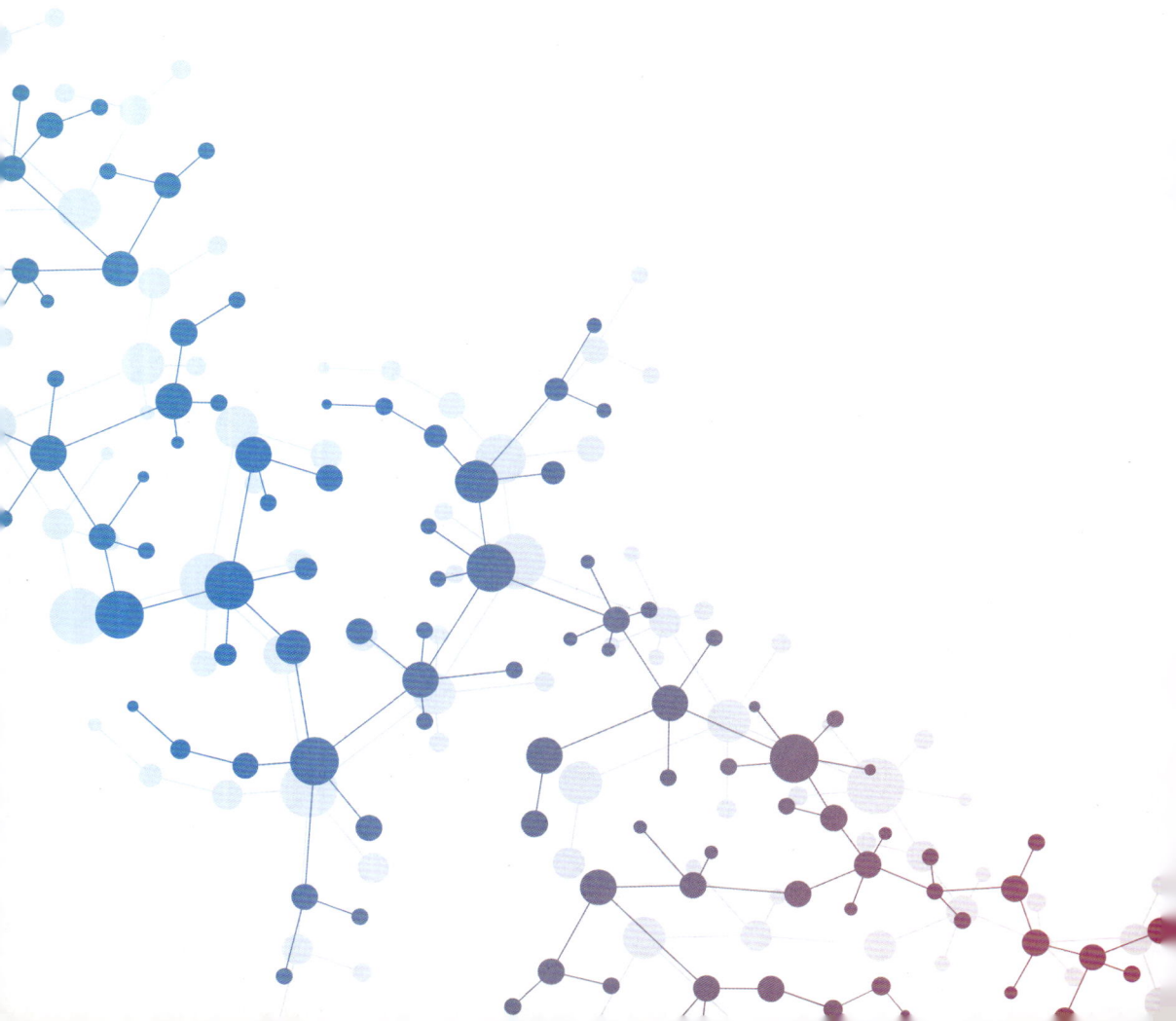

目　录

第一章 什么是核电

第一节 能量"核"处来

世界上一切物质都是由原子构成的，原子又是由原子核和它周围的电子构成的。轻原子核的融合和重原子核的分裂都能放出能量，它们分别被称为核聚变能和核裂变能，统称核能。

现阶段能够被人们用来发电的核能一般都是指核裂变能，主要燃料是铀。铀是一种重金属元素，天然铀由3种同位素组成：

铀-235（含量0.71%），铀-238（含量99.28%），铀-234（含量0.005 8%）。其中，铀-235是自然界中可供人类大规模开采的易裂变核素。

当一个中子轰击铀-235原子核时，这个原子核能分裂成两个较轻的原子核，同时产生2～3个中子和射线，并放出能量。如果新产生的中子又打中另一个铀-235原子核，能引起新的裂变，这就是核裂变链式反应。在链式反应中，能量会源源不断地释放出来。

铀-235裂变放出多少能量呢？请记住一个数字，即1千克铀-235全部裂变放出的能量相当于2 700吨标准煤燃烧放出的能量。

那么核电厂是怎样把这些能量转化为电能的呢？以压水堆核电厂为

例（见图1-1），简而言之，它是以核反应堆来代替火电站的锅炉，以核燃料在核反应堆中发生特殊形式的燃烧——"核裂变"产生热量加热一回路高压水，一回路水通过蒸汽发生器加热二回路水使之变成蒸汽。蒸汽通过管路进入汽轮机，推动汽轮发电机发电，发出的电通过电网送至用户。整个过程的能量转换是由核能转化为热能，热能转化为机械能，机械能再转化为电能。

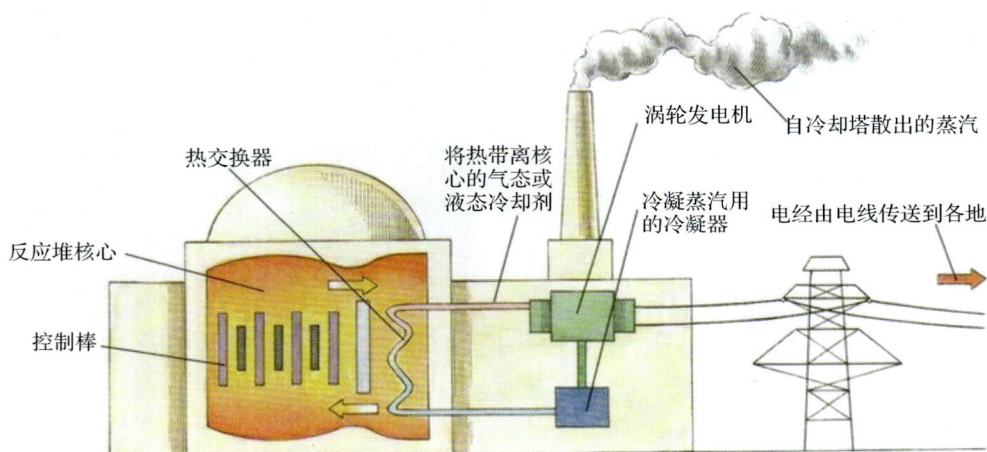

图1-1　核电厂（压水堆）是如何发电的

一、核电厂的主要设备有哪些？

反应堆：反应堆是产生、维持和控制链式核裂变反应的装置，它以一定的功率释放出核能，并由冷却剂导出。

主泵：即反应堆冷却剂泵，提供冷却剂循环流动的动力。

稳压器：稳压器对一回路压力进行控制。

蒸汽发生器：蒸汽发生器的主要功能是作为热交换器设备，将一回路冷却剂中的热量传给二回路水，使其产生饱和蒸汽。

汽轮发电机：核电厂中的汽轮发电机与火电厂中的汽轮发电机原理上并无太大的差别。

核电厂回路示意图见图1-2。

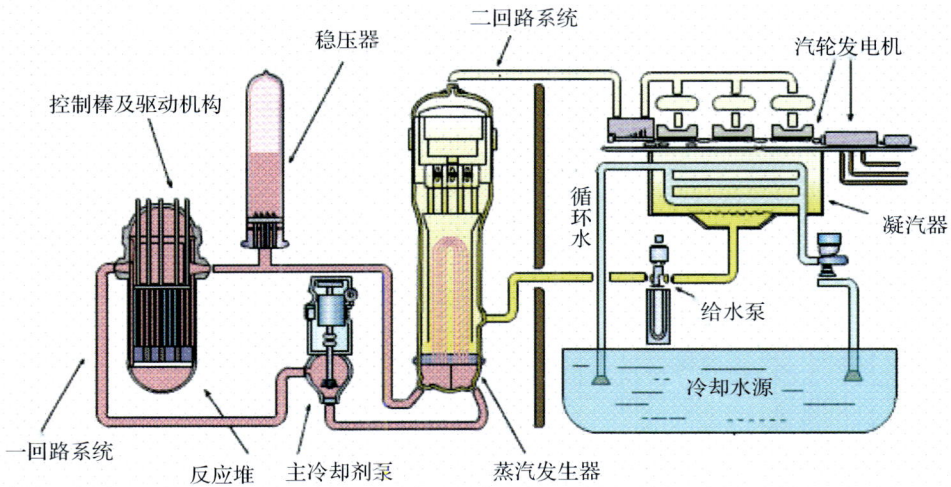

图1-2　核电厂回路示意图

二、核电厂分哪几部分？

核电厂大体可分为两部分：一部分是利用核能生产蒸汽的核岛，包括反应堆厂房、核辅助厂房、燃料厂房和应急柴油机房；另一部分是常规岛，包括汽轮发电机组厂房和海水泵房，见图1-3。

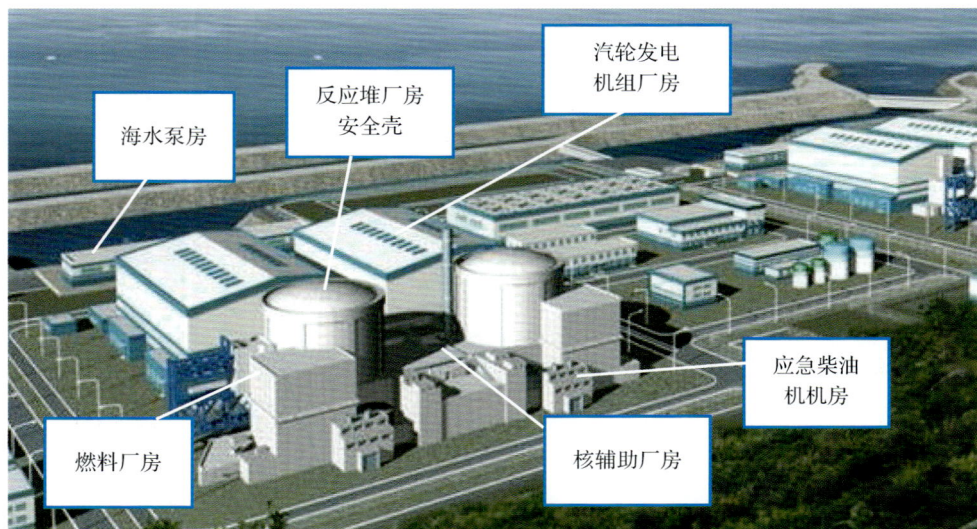

图1-3　核电厂设备示意图

第二节　核电厂的发展历史

1954年，前苏联奥布宁斯克核电厂并网发电，揭开核能用于发电的序幕。半个世纪以来，核电经历了20世纪60年代的起步阶段，20世纪70—80年代的快速发展阶段和20世纪80年代一直到21世纪初的缓慢发展阶段以及21世纪以来的复苏阶段。

起步阶段：20世纪50年代中期至60年代初。在此期间，世界共有38个机组投入运行，属于早期原型反应堆，即"第一代"核电厂。除1954年苏联建成的第一座核电厂外，还包括1956年英国建成的45兆瓦原型天然铀石墨气冷堆核电厂、1957年美国建成的60兆瓦原型压水堆核电厂、1962年法国建成的600兆瓦天然铀石墨气冷堆和1962年加拿大建成的25兆瓦天然铀重水堆核电厂。

高速发展阶段：20世纪60年代中期至80年代初。其间，世界共有242个核电机组投入运行，属于"第二代"核电厂。由于受石油危机的影响，核电经历了一个大规模高速发展阶段，鼎盛时期平均每17天就会有一座新核电厂投入运行。美国成批建造了500～1 100兆瓦的压水堆、沸水堆，并出口其他国家；苏联建造了1 000兆瓦石墨堆和440兆瓦、1 000兆瓦的VVER型压水堆；日本、法国引进、消化了美国的压水堆、沸水堆技术，其核电发电量均增加了20多倍。

减缓发展阶段：20世纪80年代初至21世纪初。由于1979年的美国三哩岛核电厂事故以及1986年的苏联切尔诺贝利核泄漏事故，全球核电发展迅速降温。在此阶段，人们开始重新评估核电的安全性和经济性。为确保核电厂的安全，世界各国加强了安全设施，制定了更严格的审批制度。据国际能源机构统计，在1990—2004年间，全球核电总装机容量年增长率由此前的17%降至2%。

开始复苏阶段：21世纪以来，随着世界经济的复苏以及越来越严重的能源危机，核能作为清洁能源的优势重新受到青睐。同时，经过多年的技术发展，核电的安全可靠性进一步提高，世界核电的发展开始进入复苏期，世界各国制定了积极的核电发展规划。美国、欧洲、日本开发的先进的轻水堆核电厂，即"第三代"核电厂取得重大进展。

第三代核能系统派生于目前运行中的第二代核能系统，并吸取了这些反应堆几十年的运行经验，进一步采用经过开发验证且可行的新技术，旨在提高现有反应堆的安全性。首次建成的采用第三代技术的核电机组是日本1997年投入运行的柏崎·刘羽核电厂的两台先进型沸水堆机组（ABWR）。

2010年5月，国际原子能机构总干事天野之弥在讨论《不扩散核武器条约》的会议上指出，核能作为一种清洁、稳定且有助减缓气候变化影响的能源正为越来越多的国家所接受。

尽管2011年日本福岛核事故为世界核电工业发展蒙上了一层阴影，但是核电作为安全、清洁、高效的能源依然被国际认可。在能源紧缺、全球变暖的时代背景下，考虑到各国的国情和经济发展需要，大多数国家仍选择继续审慎发展核电工业。据国际原子能机构预测，全球有60多个国家计划发展核能，包括30个无核国家，全球核能发电量在今后20年将会提高一倍。

在此过程中，核电系统设计也进入了第四代，第四代核能系统的发展目标是增强能源的可持续性，提高核电厂的经济竞争性、安全和可靠性以及防扩散和防止外部侵犯能力。目前提出的第四代的反应堆概念有6种：气体冷却快堆（GFR）、铅冷却快堆（LFR）、钠冷却快堆（SFR）、熔盐堆（MSR）、超临界水冷堆（SCWR）和超高温气冷堆（VHTR）。

第四代核能系统与前几代完全不同，必须以大量的技术进步为前提。目前这些系统正处在研究之中。

2012年2月和3月，美国率先在全球内批准了四台AP1000核电机组的建造和运行联合许可证（COL）。这也是在自三哩岛事故之后，美国34年来首次启动核电建设项目。此外，美国核管会（NRC）于2011年3月至12月底，先后批准10台核电机组延寿至60年。

虽然全球核电复苏一定程度上受到了福岛核事故的影响，但是中国坚持安全高效发展核电的决心并未改变，近年来发布的核电中长期发展规划明确提出，到2020年，我国在运核电装机容量将达到5 800万千瓦，在建核电装机容量接近3 000万千瓦。截至2015年6月，全球在建核电机组67台，装机容量约为6 548万千瓦，其中超过70%的在建核电机组集中在亚洲的中国、印度和欧洲的俄罗斯等国家。总之，世界核电的发展是在"弃核"与"启核"的交叠中进行，但前进的脚步从未停歇。

第三节 核电厂的堆型分类

自1942年，恩里科·费米在芝加哥大学负责设计建造了人类历史上第一座核反应堆（Chicago Pile-1核反应堆）以来，世界上已经出现了各种各样的核电厂堆型。由于反应堆是一个非常复杂的系统，并且随着发展人们已经开发出了许多种不同结构、不同用途的反应堆，因此对反应堆的分类也无法简单的采用单一的一种方法进行。一般来说，反应堆会按照冷却剂、慢化剂、用途、中子能量等标准进行分类，如表1-1所示。

表1-1　反应堆分类

分类	堆型	说明
按中子能量分类	快中子堆	引起原子核裂变链式反应的中子能量大于1MeV
	中能中子堆	引起原子核裂变链式反应的中子能量大于0.1 eV小于0.1 MeV
	热中子堆	引起原子核裂变链式反应中子能量大于0.025 eV小于0.1 eV
按冷却剂和慢化剂分类	轻水堆	压水堆、沸水堆
	重水堆	压力管式、压力容器式、重水慢化轻水冷却堆
	有机堆	重水慢化有机冷却堆
	石墨堆	石墨水冷堆、石墨气冷堆
	气冷堆	天然铀石墨堆、改进型气冷堆、高温气冷堆、重水慢化气冷堆
	液态金属冷却堆	钠冷快堆

续表

按堆芯结构分类	均匀堆	堆芯燃料与慢化剂、冷却剂均匀混合
	非均匀堆	堆芯核燃料与慢化剂、冷却剂呈非均匀分布，按要求排列成一定形状
按用途分类	生产堆	生产Pu
	动力堆	产生动力（包括发电）
	实验堆	做燃料、材料的科学研究
	增殖堆	新生产的核燃料大于消耗的核燃料

目前，最常见的分类方法是按冷却剂和慢化剂分类，大家比较熟悉的有压水堆、重水堆、高温气冷堆、钠冷快堆等。

（1）压水堆核电厂：以压水堆为热源的核电厂。它主要由核岛和常规岛组成。压水堆核电厂核岛中的四大部件是蒸汽发生器、稳压器、主泵和堆芯。在核岛中的系统设备主要有压水堆本体，一回路系统，以及为支持一回路系统正常运行和保证反应堆安全而设置的辅助系统。常规岛主要包括汽轮机组及二回路等系统，其形式与常规火电厂类似。

（2）沸水堆核电厂：以沸水堆为热源的核电厂。沸水堆是以沸腾轻水为慢化剂和冷却剂并在反应堆压力容器内直接产生饱和蒸汽的动力堆。沸水堆与压水堆同属轻水堆，都具有结构紧凑、安全可靠、建造费用低和负荷跟随能力强等优点。它们都需使用低富集铀作燃料。沸水堆核电厂系统有：主系统（包括反应堆）、蒸汽-给水系统、反应堆辅助系统等。

（3）重水堆核电厂：以重水堆为热源的核电厂。重水堆是以重水作慢化剂的反应堆，可以直接利用天然铀作为核燃料。重水堆可用轻水或重水作冷却剂，重水堆分压力容器式和压力管式两类。重水堆核电厂是发展较早的核电厂，有各种类别，但已实现工业规模推广的只有加拿大发展起来的坎杜型压力管式重水堆核电厂。

（4）钠冷快堆核电厂：由快中子引起链式裂变反应所释放出来的热能转换为电能的核电厂。快堆在运行中既消耗裂变材料，又生产新裂变材料，而且所产可多于所耗，能实现核裂变材料的增殖。

目前，世界上已商业运行的核电厂堆型，如压水堆、沸水堆、重水堆、石墨气冷堆等都是非增殖堆型，主要利用核裂变燃料，即使再利用转换出来的钚-239等易裂变材料，它对铀资源的利用率也只有1%～2%，但在快堆中，铀-238原则上都能转换成钚-239而得以使用，但考虑到各种损耗，可以认为，快堆可将铀资源的利用率提高到60%～70%。

第四节　世界核电现状

目前世界上已有30多个国家或地区建有核电厂。根据国际原子能机构（IAEA）统计，截至2015年6月，共有438台核电机组在运行，总装机容量约3.8亿千瓦。核电厂主要分布在北美的美国、加拿大；欧洲的法国、英国、俄罗斯、德国和亚洲的日本、韩国、印度、中国等国家。全球在建核电机组67台，装机容量约为6 548万千瓦，其中超过70%的在建核电机组集中在亚洲的中国、印度和欧洲的俄罗斯等国家。世界各国在建核电机组数量见图1-4。

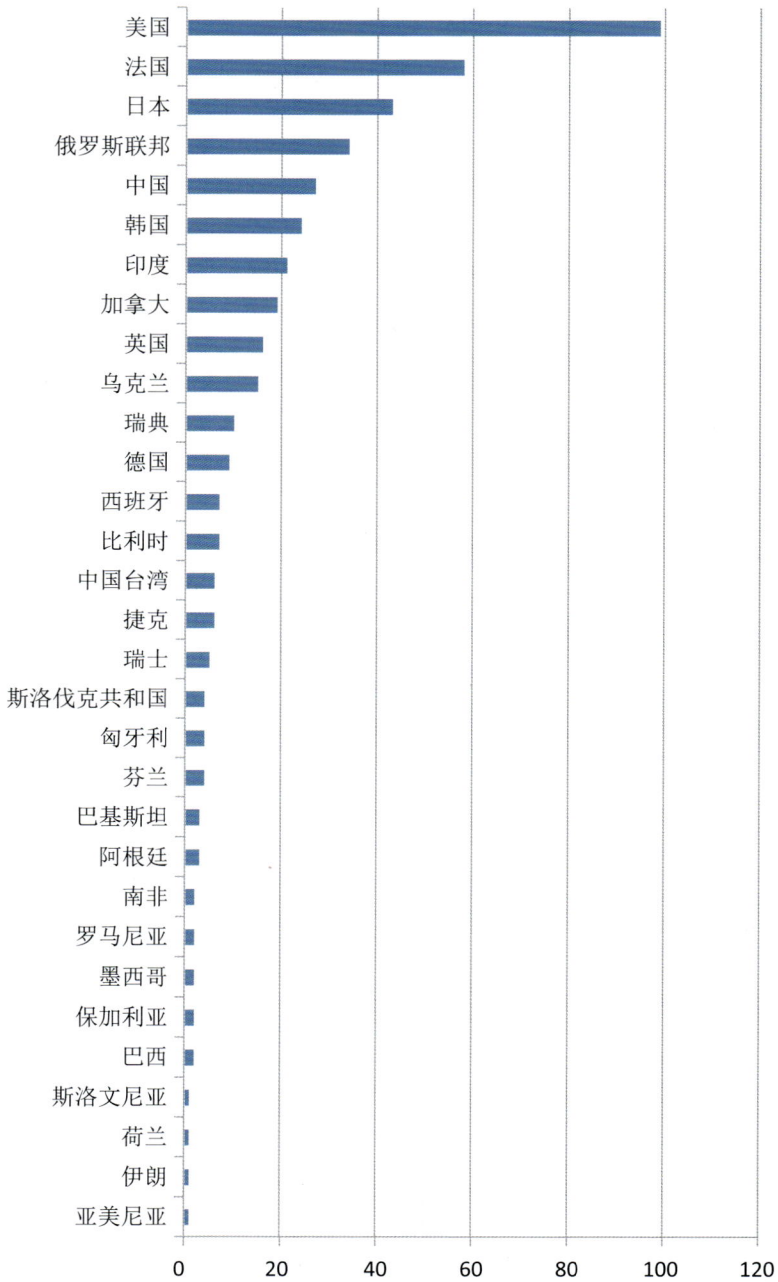

图1-4　世界各国在运行核电机组数量
（数据截止于2015年6月1日）

世界各国在建核电机组数量见图1-5。

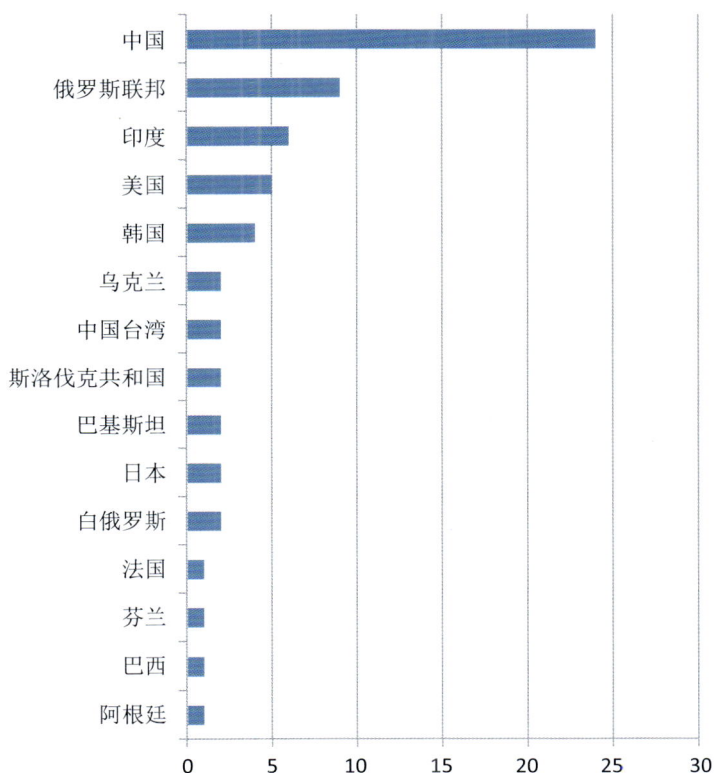

图1-5　世界各国在建核电机组数量

（数据截止于2015年6月1日）

目前，核电约占各国发电比例的统计数据，其中法国高达73.3%，美国为19.5%，俄罗斯为18.6%，中国为2.4%。世界核电厂分布示意图见图1-6。

图1-6　世界核电厂分布示意图

（1）美国核电状况

美国以最多的运行核电厂数量奠定了其核电领域的霸主地位。美国的费米反应堆也使人类首次实现了自持核反应，率领人类进入了核能时代。西屋公司设计了第一座商业化反应堆，通用公司设计了首座沸水堆、率先设计出非能动三代压水堆。可以看到，美国的核电一直走在世界最前列。

目前，美国的新能源战略是均衡的、全面的能源战略，它考虑了三大要素：支持经济增长和创造就业机会、提高能源安全、发展低碳能源技术并为清洁能源的未来奠定基础。核能作为美国最重要的低碳能源之一，对美国能源低碳化有着积极的历史贡献，也是未来不可或缺的重要组成。

美国在运核电厂中内陆地区核电厂占据多数（不考虑河口厂址达到

61.5%）。美国在人口众多的大城市周边建设运营了核电厂，如纽约的印第安角核电厂周边50英里范围内人口多达1 800万。

美国在运核电厂多在三里岛核事故前建成投产，部分机组陆续达到设计寿命，但美国政府和业主并没直接让这些"老旧落后"的机组停运，而是针对这些机组进行安全评估，决策是否继续使用（延寿）。全美累计有100台申请延寿运行，截至2013年10月，其中78台获得批准，部分机组已经开始延寿运行。

不仅是延寿，美国还积极开展核电机组的功率提升改造，至1977年9月19日Calvert Cliffs1号机组扩容改造以来，已有154台次机组进行了扩容改造，合计提升堆功率21 104.8兆瓦、电功率7 034.9兆瓦。

美国在建的3座核电厂5台机组分别为VC Summer核电厂2、3号机组、Vogtle核电厂3、4号机组和Watts Bar2号机组，全部坐落于美国的内陆地区。

（2）法国核电状况

法国煤炭、石油、天然气资源不多。水力资源利用率高达95%以上。因此随着能源消耗的增加，能源自给率在核能未大规模开发前不断下降。为满足经济发展对电力的需求，法国政府坚持"能源独立"的政策，决定优先发展核电，早在1974年就宣布新建电站都是核电厂，不再建火电站。目前法国核电厂提供全国77%左右的电力供应。在世界上，法国的核电装机总量仅次于美国，是世界上核电对核电依赖程度最高的国家。

核电给法国人带来的好处一目了然。因为运营成本低，核电电价仅是传统煤电电价的60%，所以法国人一直享受着欧洲最廉价的电力。因为大量使用核电，法国早就实现了能源独立，并且每年约有20%的电力输送到意大利、荷兰、德国和比利时"卖电赚钱"，创造了大量的利润。同时，因为核电厂遍布法国各地，所以它会给当地人提供大量就业机会。由于大规模采用核电，法国温室气体排放量相对较低。有统计数字表明，发展核电使法国每年少排放3.45亿吨二氧化碳，而其每千瓦小时的碳排放量仅是英国或者德国的1/10。法国的核电技术还经常推销到海外，赚取大量的外汇。

法国核电的统一性非常强。把19座现役核电厂列出来，可以明显看到这种统一：1985年以前投产运行的9座现役核电厂，全部使用900兆瓦压水反应堆；此后再投产的核电厂，清一色的1 300兆瓦压水反应堆(2000年和2002年投产的舒兹、西沃两座核电厂除外，分别使用了1 450兆瓦和1 495兆瓦压水堆)。所有现役核电厂，都属于二代核电技术，再加上发电机组高度统一，这样的好处就是大大节省了管理和运营成本，提高了安全系数。也正是因为以上这些原因，法国才能在油价不断上涨的今天，长期保持稳定而低廉的民用和工业电价。

因为从一开始就下决心发展核电，法国核电的布局也非常合理，濒海的西部，还有内陆靠近河流的地区，都有核电厂分布。精心布设的核电网络避免了远距离、大功率传输的成本和损耗，这也是法国保持低廉电价的重要原因。

（3）日本核电状况

日本是一个陆地面积仅有37.8万平方千米的岛国，人口为1.26亿，人口密度高达每平方千米337人，由于受到自然条件的限制，其常规能源资源十分缺乏。在常规能源的供应中，海外依存度达到80%，石油几乎全部依赖进口。多年的实践，尤其是1973年和1978年两次石油危机的冲击，使日本严重地意识到，依靠进口能源，对于保障能源供应是十分脆弱的。为了提供安全稳定的能源供应，日本一方面采取厉行节能的政策，另一方面实行能源供应多元化，尤其强调大力发展核能。1973年石油危机后，加速了核电的发展；前苏联切尔诺贝利核电厂事故发生后，日本国内的反核情绪上升，使核电发展的阻力加大；近年来，尤其是京都会议以后，日本政府认为核电是解决生态环境、减少二氧化碳排出量和保障能源稳定供应的有效途径。目前，日本是世界第三大核能发电大国，次于美、法两国。

2011年福岛核事故给全球滚热的核电市场狠狠地泼了盆冷水，全球的核电格局也受到了影响。由于事故后民间对发展核电极力反对，日本政府尝试关闭国内全部的核电厂。但是由于核电在其能源结构中作用重大，日本目前已经放弃"无核化"。

（4）韩国核电状况

韩国自然资源十分贫乏，除拥有少量煤炭、木材和水力资源外，它所消耗的绝大部分化石燃料(煤炭、石油、天然气)依靠进口，两次石油危机的冲击，大大地损害了韩国的经济，因此韩国制定了推行多渠道发展各种不同能源的政策，逐步减少对国外进口能源(尤其是石油)的依赖程度，其中特别强调了核能的发展。重视引进国外先进技术，努力实现核电的国产化。

韩国发展核电只有30余年的历史，但是韩国却成为国际核电市场新的有力竞争者，2009年韩国与阿联酋签订200亿美元的核电建设协议。韩国的迅速崛起也打破了由美、法、日三国主导的核电市场格局。目前韩国已经成为世界第三个具备自行研发第三代核电技术的国家。

（5）俄罗斯核电状况

1954年，前苏联建成了世界上第一座核电机组。尽管1986年的切尔诺贝利核事故给俄罗斯造成了很大的灾难，但是在政府支持下，俄罗斯核电产业朝着重视技术研发、大力推动核电出口发展。核能出口成为俄罗斯实现经济增长目标的一项重要措施。

在停滞十多年后，电力需求每年以3%的速度递增；其次，俄罗斯在欧洲的大约50吉瓦的发电厂在2010年达到设计使用寿期；再次，Gazprom公司考虑到向西方国家出口天然气将获利5倍，因此，在近两年中将发电用的天然气供应量削减了12%，并且，到2020年，西西伯利亚油田将被开采殆尽，届时，他们只能提供俄罗斯目前发电量1/10的燃料（目前是3/4）。考虑到这些紧缩以及20世纪90年代核电厂的改进，俄罗斯政府于2000年底决定延长最早的12个核电厂的运行寿期，共5.76吉瓦，占核电总装机容量的29%。仅仅由于核电厂的性能改进从而大大提高了核发电量。2001年的核发电量达到125太瓦时，占总发电量的15%。出于成本效益考虑，即完成已部分建造的9吉瓦核电厂的平均成本为680美元/千瓦，而新建的燃气电厂成本（包括必要的基础设施）为950美元/千瓦（新建核电厂的成本预计为900美元/千瓦），因此俄罗斯原子能部建议迅速增加核电容量。

同时，俄罗斯还将核电技术出口到中国等其他国家，在国外有3个反应堆建造项目，全部都是VVER-1000机组。

（6）加拿大核电状况

加拿大在核能领域的科研和开发方面有着与英国和美国同样悠久的历史。加拿大自主研发的坎杜（CANDU）堆型是加拿大的核电支柱，技术成熟、无需浓缩、不用燃料后处理、无任何钚积存，成为许多国家的追求的堆型。

（7）德国核电状况

由于对核电存在环保和安全方面的顾虑，德国计划不再建设新的核电厂，并在福岛事故后关闭了8台核电机组。尽管德国大力发展可再生能源，但是远不能弥补关闭所有核电厂造成的电力短缺。德国目前还有9台核电机组，并从法国大量引进核电，可以说也在间接的享受着核电。德国想跟核电说再见，不太容易！

（8）英国核电状况

英国曾是世界上核电发展领先的国家，但自20世纪70年代起，北海油田的开发使其能源状况得到改善，加上对核电安全的顾虑，英国的核电发展步入冬天。30年后的21世纪初，英国重新开启核电的大门。

（9）欧洲核电状况

在欧洲，除了英、法、德外还有很多国家国内建有核电厂，这些国家建造的核电厂具有规模小、年代久的特点。由于建造年代久远，近年来的安全测试不是很乐观，但是为了解决能源问题，它们还是坚持发展核电。

（10）拉美核电状况

拉丁美洲目前有6核电机组，其中巴西、阿根廷、墨西哥各2台。另有2个在建核电厂，其中巴西的安哥拉3号机组将于2015年完工，阿根廷的阿图查2号机组在2012年试运行。委内瑞拉政府在福岛核事故之后冻结了国内的核电计划。

第五节 国内核电现状及规划

截至2015年6月1日，我国内地在运核电机组共27台，到2015年底，运行机组可望达到30台，总装机容量接近3 000万千瓦；截至2015年6月1日，我国在建核电机组共24台，在建规模继续保持世界第一，2015年核准的核电机组项目有望达到8台。

2014年，我国全年核电累计发电量为1 305.8亿千瓦时，占全国电力总发电量的2.39%，同比增长18.89%。

根据中国工程院在2011年的研究预测，我国在2020年发电装机将达到171 420万千瓦，2030年达到234 916万千瓦。

根据对我国中长期发电装机总量和除核电外各类电源装机情况的预测（见表1-2），可推算出核电的装机容量，即核电在2020年、2030年的装机容量将分别达到8 030万千瓦和16 055万千瓦，分别占当年装机总量的4.7%和6.8%。

表1-2 我国中长期发电装机容量（单位：万千瓦）

年份	总量	煤电	燃气	水电	抽蓄	风电	太阳能	生物质等	核电	核电占比
2020	171 420	104 395	5 168	34 775	5 319	10 233	2 000	1 500	8 030	4.7%
2030	234 916	134 975	7 259	43 134	8 414	16 079	7 000	2 000	16 055	6.8%

相应地，中国工程院又对我国各类电源中长期发电量情况进行了预测（见表1-3）。我国在2020年、2030年的总发电量将分别达到70 660亿千瓦时、104 520亿千瓦时，核电在2020年、2030年的发电量将分别达到6 000亿千瓦时、12 000亿千瓦时，分别占当年总发电量的8.5%、11.5%。

表1-3 我国中长期发电量情况（单位：亿千瓦时）

年份	总量	煤电	燃气	水电	抽蓄	风电	太阳能	生物质等	核电	核电占比
2020	70 660	48 500	1 820	11 500	-80	2 040	280	600	6 000	8.5%

| 2030 | 104 520 | 70 900 | 2 560 | 14 200 | -120 | 3 200 | 980 | 800 | 12 000 | 11.5% |

我国核电发展已从起步阶段进入安全高效发展阶段，从建设第二代核电厂发展到建设第三代核电厂，从建设沿海核电厂发展到考虑建设内陆核电厂。

我国目前采用的核电技术路线都是第二代改进技术和第三代技术。

第二代核电的设计没有把预防和缓解严重事故作为必须要求有的措施，世界上核电厂运行50多年以来发生的三次严重事故表明：第二代核电的设计低估了发生严重事故的可能性。因此，第三代核电把预防和缓解严重事故作为设计上必须要满足的要求。这是第三代与第二代在安全要求上的根本差别。

中国现在主要有3套第三代核电设计方案，分别是华龙一号、AP1000/CAP1400、EPR。

华龙一号：由中国两大核电企业中国核工业集团和中国广核集团联合研发，该技术实现了先进性和成熟性的统一、安全性和经济性的平衡、能动与非能动的结合，主要技术指标和安全指标满足我国和全球最新安全要求，具有完全自主知识产权，具备国际竞争比较优势和参与国际竞标条件。华龙一号已在福建福清核电厂开始建设。

AP1000是美国西屋电气公司在传统反应堆基础上研发的一种新堆型。其设计理念是：在传统成熟的压水堆核电技术的基础上，引入安全系统非能动化理念。采用非能动的简化型设计和模块化设计建造技术，在大量减少设备数量（特别是能动设备）的同时提高系统的可靠性，并缩短建造周期，从而在进一步提高安全性的同时提高其经济性。2007年，AP1000技术进入中国，确定AP1000依托项目，西屋电气公司向中国有关单位转让AP1000相关技术。（CAP1400型压水堆核电机组是在消化、吸收、全面掌握我国引进的第三代先进核电AP1000非能动技术的基础上，通过再创新开发出具有我国自主知识产权、功率更大的非能动大型先进压水堆核电机组。目前我国所建的示范电站位于山东威海市荣成石岛湾厂址，拟建设2台CAP1400型压水堆核电机组，设计寿命60年，单机容量140万千瓦。）

　　EPR（欧洲先进压水堆）是法国法玛通公司和德国西门子公司在法国N4和德国的Konvoi反应堆的基础上联合改进开发的反应堆。EPR吸取了法德核电厂运行三十多年的经验，保持了技术的连续性，没有技术断代的问题。EPR采取了"增加专设安全系统"的思路，即在第二代的基础上再增加和强化专设安全系统。重要的专设安全系统都由二系列增加为四系列，同时增设缓解严重事故后果的设备。这样，提高了安全性，相应核电厂系统比第二代更复杂。同时通过提高机组容量，与二代堆相比具有更高的经济和技术性能。广东台山核电一期工程建设两台EPR 核电机组，单机容量为175万千瓦，是目前世界上单机容量最大的核电机组。

参考文献

[1] 曾星. 核电站的结构[J]. 发电设备, 2008(04):298-298.

[2] 刘日华. 核电站是一把双刃剑[J]. 特区教育：小学生, 2011:26-29.

[3] 孙勤. 以"切尔诺贝利"为鉴[J]. 浙江能源, 2006(3):28-28.

[4] 化雨. 核电发展历程[J]. 宁夏教育, 2011.

[5] 邹树梁，邹旸. 日本福岛第一核电站核事故对中国核电发展的影响与启示[J]. 南华大学学报：社会科学版, 2011, 12(2):1-5.

[6] 臧明昌，阮可强. 世界核电走向复苏——第13届太平洋地区核能大会评述[J]. 核科学与工程, 2004(01):1-5.

[7] 秦伟. 核能的过去[J]. 装备制造, 2011(4):84-88.

[8] 季宝根，黎志政. 汽轮机调节油系统以及汽轮机组：ＣＮ，CN101718213 B[P]. 2013.

[9] 常甲辰. 大有潜力的重水堆核电站[J]. 科学中国人, 1995(05):59-59.

[10] 朱立毅，张毅. 重水准核电站有哪些优势[J]. 重庆与世界, 2003(10):11-11.

[11] 张伟国. 第四代核电站材料问题的挑战[J]. 腐蚀与防护, 2015, 27(11):541-543.

[12] 卫乐乐，沈海滨. 俄罗斯核能发展与法制建设[J]. 世界环境, 2014(03):44-45.

[13] 薛新民. 国外核电发展的主要经验和启示[C]// 2004中国核能论坛. 2004.

[14] 曲云欢，刘婷，杨丽丽,等. 英国核安全体系建设及对我国的启示[J]. 环境保护与循环经济, 2013(03):22-25.

[15] 温鸿钧. "华龙一号"——世界核电"希望之星"[J]. 中国核工业, 2015(5):18-21.

[16] 王佩璋. 2020年我国发电装机容量跃居世界第一[J]. 发电设备, 2007(5):402-402.

[17] 伍浩松（译），张炎（校）. 两机构对美国核电装机容量未来增长的预测[J]. 国外核新闻, 2007(04):22-23.

第 二 章
我国为什么发展核电

第一节　我国的能源需求和结构决定我国需要发展核电

改革开放以来，我国经济持续高速增长，对能源、动力供应的要求持续增加，而电力作为一种主流能源和动力，是每个国家生存和发展的先决条件。从图2-1中可以看出，我国电力消费逐年增加。

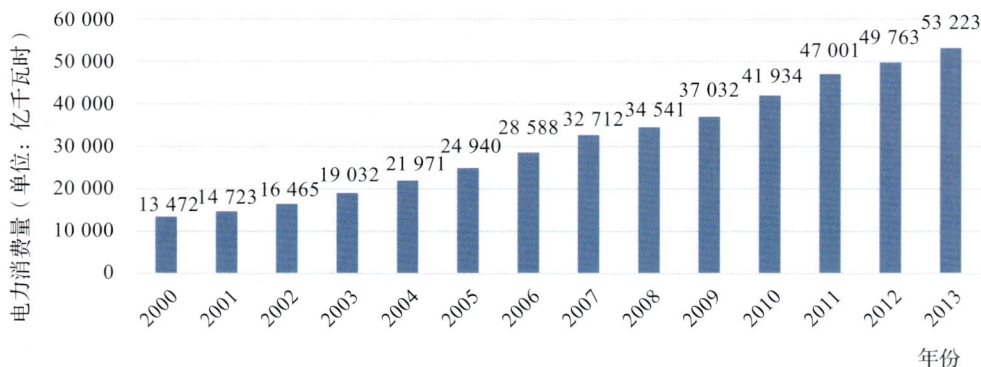

图2-1　我国2000年—2013年电力消费量

(资料来源：根据中国电力联合会网站信息及有关公开资料整理)

电力短缺导致的供需矛盾是我们不得不面对的一个问题，"拉闸限电"正是由于电力短缺催生的特殊现象。尽管有关各方加快了电力建设的速度，但电力短缺的现状在短期内还是难以彻底解决。

图2-2　拉闸限电（图片来源于《洛阳晚报》）

　　中国工程院2011年对我国能源中长期需求进行了预测，结果显示（见图2-3），由于我国经济总量大，能源利用水平与国际先进水平存在差距，尽管这两年能源消费增速明显放缓，但我国能源消费总量仍然巨大。考虑到节能等政策效果的不确定性，实际的能源消费可能还会更高。

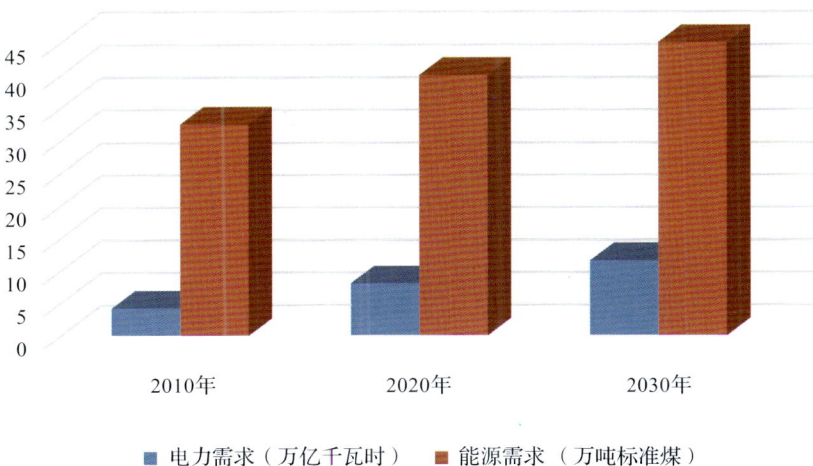

■ 电力需求（万亿千瓦时）　　■ 能源需求（万吨标准煤）

图2-3　我国不断增长的电力与能源需求

我国一次能源以煤炭为主，长期以来一直维持着以煤为主的能源结构，截至2000年底，中国现有煤炭可采储量为1 145亿吨，占全国能源储藏总量的76%。因此，以煤为主的结构在今后20年不可能有太大变化，但是，煤的不可再生性和对环境的破坏性，决定了煤在中国能源结构中的份额将逐步减少，见图2-4。

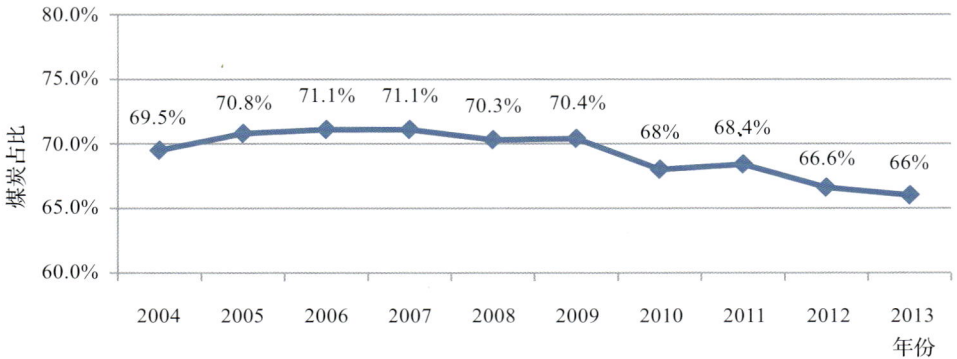

图2-4 2004—2013年我国能源消费结构中煤炭占比情况

大量发展燃煤电厂给煤炭生产、交通运输和环境保护带来巨大压力。首先，是以煤炭为代表的化石能源的使用所带来的大范围空气污染问题，使得雾霾成为困扰国人的"心腹之患"；其次，煤炭大量开采使得生态环境遭受破坏；再次，中国的煤炭生产区和消费区的布局不平衡形成了西煤东运、北煤南运和煤炭出关的强大煤流，不仅运量大，而且运距长，给交通运输带来了巨大的压力。我国能源构成见图2-5。

图 2-5　现阶段我国能源构成

第二节　能源安全决定我国需要发展核电

　　能源安全对国家安全的影响，也是一个需要认真考虑的问题。能源的自给能力也毫无疑问地会影响到一个国家的战略独立地位乃至国家安全。我国能源对外依存度近年来不断攀升，截至2013年底，中国石油对外依存度达到了58.1％、天然气对外依存度31.6%且增长迅速。中国的能源安全现状与发展趋势面临巨大挑战。在能源运输方面，据统计，中国80%的进口原油都要经过霍尔木兹海峡、马六甲海峡，石油海路运输途径易受其他国家掣肘，对确保能源稳定供给构成严峻挑战。此外，中国进口的石油多源于中东、非洲等地区，而未来的国际关系与地缘政治因素或将进一步增加这些地区动乱的频度与烈度。因此，我国一直为实现自身能源安全而努力，追求能源供应的多元化。

图2-6　我国能源安全非常脆弱（图片来自于《南方周刊》）

第三节　核电是低碳的能源

　　我国大气污染严重，能源是大气污染的主要来源。燃煤电厂向环境排放二氧化碳、二氧化硫、氮氧化物等污染物，这些污染物是导致酸雨、温室效应、臭氧空洞等环境问题的罪魁祸首。而核能发电几乎不产生大气污染物，未发现可察觉的环境影响，核电链的温室气体排放量约为煤电链的1%；从放射性流出物排放来看，煤中含有天然存在的原生放射性核素，通过燃煤电厂的气载烟尘排放煤中的天然放射性核素到环境中；而核电链向环境排放经监管部门批准的远低于天然本底水平的气态和液态流出物，产生数量很少的固体废物作封闭处理，没有外排；煤电链的放射性流出物排放对公众产生的辐射剂量比核电链高约40倍。

　　核能属于低碳能源，一座百万千瓦电功率的核电厂和燃煤电厂相比，每年可以减少二氧化碳排放600多万吨，是减排效应最大的能源之一。在改善煤电燃料链环境影响的同时，加快发展核电是减少我国环境污染和温室气体排放的现实有效途径，见图2-7。

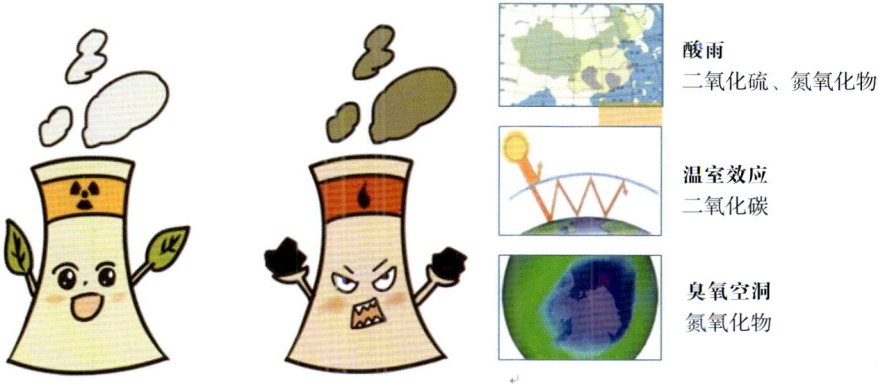

图2-7　核能比传统能源更加环保

第四节　核电是高效的能源

　　煤、石油、天然气是重要的化工原料，用作燃烧非常可惜。1千克铀-235裂变释放的能量相当于约2 700吨标准煤燃烧释放的能量。100万千瓦的燃煤电厂，一年大约需要300万吨煤，而相同规模的核电厂只需要30吨核燃料。就300万吨煤而言，如果一天一万吨煤的运量，则每天就需要近两百节车皮来运输，对于铁路运输的依赖，导致火电厂的抗风险能力很弱，但是对于核电厂来说，30吨核燃料只是几卡车的运量，见图2-8。

用火车拉煤—用卡车拉核燃料

图2-8　用火车拉煤与用卡车拉核燃料

　　我国目前核电厂的建造成本高于燃煤电厂，但随着对燃煤电厂环保要求的提高以及核电的技术成熟和批量建造，今后核电厂和燃煤电厂的建造成本的差距将会逐步缩小。就发电燃料的成本而言，核电厂是燃煤电厂的三分之一。正是由于核电厂对于燃料的需求少，在燃料开采、交通运输等方面，节省了巨大的资源和成本。

第五节　核电发展有利于经济和技术的发展

　　核电的投资与回报是非常可观的，对于国民经济和就业带动效应显著。以广东大亚湾核电基地的岭澳二期为例，2台百万千瓦机组在建设阶段，可以带来17.8万个直接就业机会、46万个间接就业机会和41万个农业就业机会，总就业机会约为105万个。在运营阶段，以整个运营期总发电收入为2 580亿元计算，总计可带来18.3万个直接就业机会，带动的总就业机会为496万个。岭澳二期的建设及运营创造出巨额的国内生产总值，285亿元的工程建设投资可以带动GDP增长293亿元，总产出增长866亿元。整个运营期，岭澳二期将拉动GDP增长3 040亿元，总产出5 720亿元。位于浙江的秦山核电基地每年依法缴纳各类税费约26.99亿元。2004—2014年，核电税收形成地方财政收入累计28.69亿元，累计缴纳教育附加费7.4亿元，城建税7.64亿元，个人所得税8.75亿元。

　　同时，发展核电有利于提高装备制造业水平，促进科技进步。核电工业属于高技术产业，其中核电设备设计与制造的技术含量高，质量要求严，产业关联度很高，涉及上下游几十个行业。加快核电自主化建设，有利于推广应用高新技术，促进技术创新，对提高我国制造业整体工艺、材料和加工水平将发挥重要作用。

第六节 核电是安全的能源

核电的安全性是公众最为关心的话题，也是核电发展最为重视的目标。世界上所有发展核电的国家都制定各自的安全标准和规定，包括核电厂的选址、设计、建造、运行等所有阶段，其主要目标就是保护工作人员和周围居民在正常运行和事故时受到的放射性剂量达到合理可行尽可能低的水平，以及对环境的影响不超过规定的水平。

与现有各种能源相比而言，核电也是相对安全的。两个1/1 000是核电的安全目标，即"对紧邻核电厂的正常个体成员来说，由于反应堆事故所导致立即死亡的风险不应该超过美国社会成员所面对的其他事故所导致的立即死亡风险总和的1/1 000；对核电厂邻近区域的人口来说，由于核电厂运行所导致的癌症死亡风险不应该超过其他原因所导致癌症死亡风险总和的1/1 000"。应该指出的是，癌症和遗传危害并非辐射特有，化石燃料发电排出物同样引起癌症和遗传危害，其致病的可能性比核电厂要高。

放射性物质的排放是评价核电厂安全性的重要指标之一。放射性物质在核电厂产生以后并不会直接排入环境，而是经过一系列处理手段降低其放射性水平再排入环境。举例说，废水在排放前会经过贮存衰变、蒸发、离子交换和过滤等方法降低放射性活度。

我国制定了放射性防护规定，废水废气中的放射性同位素的浓度和总量有排放限值。而且，废气、废水的排放要接受各级环保部门的严格监督，这就保证了核电厂只有极少量的符合排放标准要求的放射性物质排入环境，不会对环境造成危害。

　　我国于2004年对秦山核电厂运行11年后周围居民受照剂量及其健康状况进行了调查，得到了以下主要结论：秦山核电厂周围环境和食物中的放射性水平都在正常本底的波动范围，居民受到的照射剂量在天然本底照射剂量范围内；恶性肿瘤死亡率在核电厂运行前后没有显著的差异。因而认为秦山核电厂的运行未对周围居民的健康产生影响。相反，由于核电对经济的带动，核电厂周围的居民生活水平都得到了显著的提高。

参考文献

[1] 中国能源中长期发展战略研究项目组. 中国能源中长期(2030, 2050)发展战略研究[M]// 中国能源中长期 (2030、2050)发展战略研究. 科学出版社, 2011.

[2] 本刊讯. 2020年一次能源消费总量控制在48亿t标煤左右[J]. 华东电力, 2014(11).

[3] 张泉，赵庆，盖东民. 浅谈矿山机械的发展[J]. 世界华商经济年鉴·城乡建设, 2013, 19(6).

[4] 邱介山. 煤基高性能炭素材料的制备及其应用[C]// 西部大开发 科教先行与可持续发展——中国科协2000年学术年会文集. 2000.

[5] 刘雪. 中国能源对外依存度攀升 资源价改箭在弦上[J]. 西部资源, 2014(01).

[6] 岳来群. 突破"马六甲困局"——马六甲海峡与我国原油通道安全解析[J]. 中国石油企业, 2007(04):6-9.

[7] 周梦君. 安全高效发展核电,加快雾霾源头的彻底治理[C]// 推进雾霾源头治理与洁净能源技术创新——第十一届长三角能源论坛论文集， 2014.

[8] 姜子英. 我国核电与煤电环境影响的外部成本比较[J]. 环境科学研究, 2010(8):1086-1090.

[9] 潘自强. 核电——现阶段最好的低碳能源[J]. 中国核电, 2014(03):194-194.

[10] 陈智超. 前景灿烂的核电站[J]. 初中生世界, 2003(35).

[11] 吴畏. 原子能电厂问答摘译[J]. 华东电力,1975(02).

[12] 为何中国要坚持发展核电,人民日报, 2015-11-12.

[13] 马明强，孙培芝，郑文，等. 秦山核电站运行11年后周围居民受照剂量及其健康状况调查研究[J]. 中国辐射卫生, 2004(4):273.

第三章
核电厂对环境及公众的影响

第一节　日常生活中的辐射

一、什么是辐射？辐射如何分类？

自然界中的一切物体，只要温度在绝对温度零度以上，都以电磁波的形式时刻不停地向外传送能量，这种传送能量的方式统称辐射。人们日常能够听到的辐射词语有：热辐射、光辐射、声辐射、手机辐射、高压线辐射、电脑辐射、变电站辐射、手机基站辐射、电视广播发射塔辐射、电磁辐射、电离辐射、核辐射等。

从辐射防护角度的来讲，人们通常按照射线（或粒子）与物质相互作用的特点来分类，将辐射分为电离辐射和非电离辐射两大类（见图3-1）。

（1）电离辐射——拥有足够高能量的辐射，可将原子电离，即使原子的电子壳层的电子被电离辐射击出，使原子带正电荷。电离辐射包括α射线、β射线、γ射线、X射线和中子辐射等。

（2）非电离辐射——拥有能量较弱的辐射，不会使物质电离。非电离辐射包括紫外线、可见光以及手机辐射、电脑辐射等众多"低能电磁辐射"。

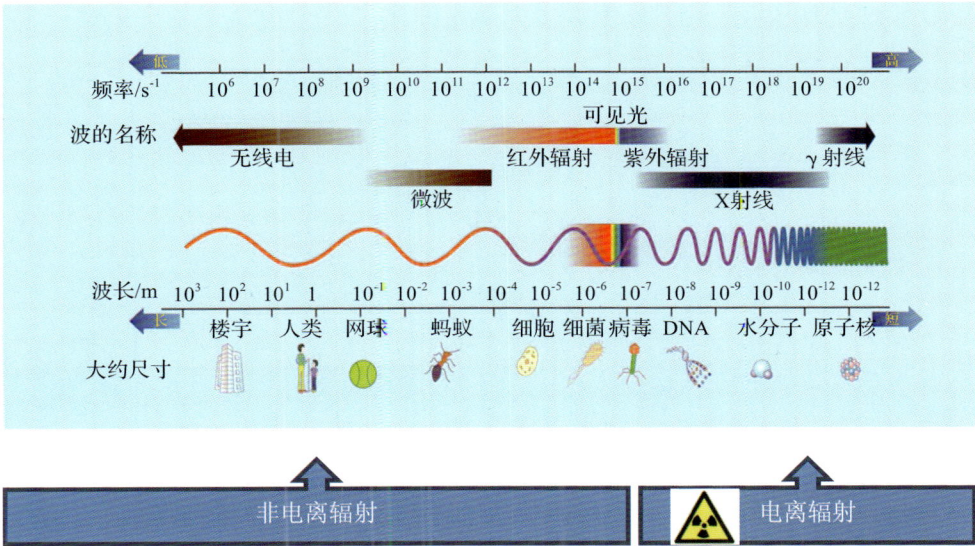

图3-1　电离辐射和非电离辐射示意图

二、日常生活中的辐射有哪些？

辐射无处不在，人类日常受到的电离辐射包括天然辐射和人工辐射。天然辐射主要来自于宇宙射线、食物、房屋、天空大地、山水草木乃至人们体内。同时，由于放射性在医学、核武器和核能方面的应用，人们除受到天然辐射源的照射外，还会受到人工辐射源的照射，人工辐射主要来自医疗照射、公众照射和职业照射三个方面。

医疗照射指接受治疗或诊断时患者或被检查者所接受的照射，包括放射性诊断、放射性治疗和放射性同位素在医学中的应用三个方面，如CT扫描、胸透、拍X光片等。

公众照射是指由于工业生产、科学研究等活动导致公众接受的和公众本身家居生活、出外旅行等所接受的辐射照射。如夜光表、烟雾报警器、机场X线检查机，但这些放射源对人体的照射剂量是很小的。

职业照射在许多行业中都存在，除核工业外，制造与服务行业、国防领域、研究机构及大学中也常常使用人工辐射源。如飞行高度所处的宇宙射线水平较高，客机机组人员会受到较高剂量率的职业照射。生活中的辐射来源见图3-2。

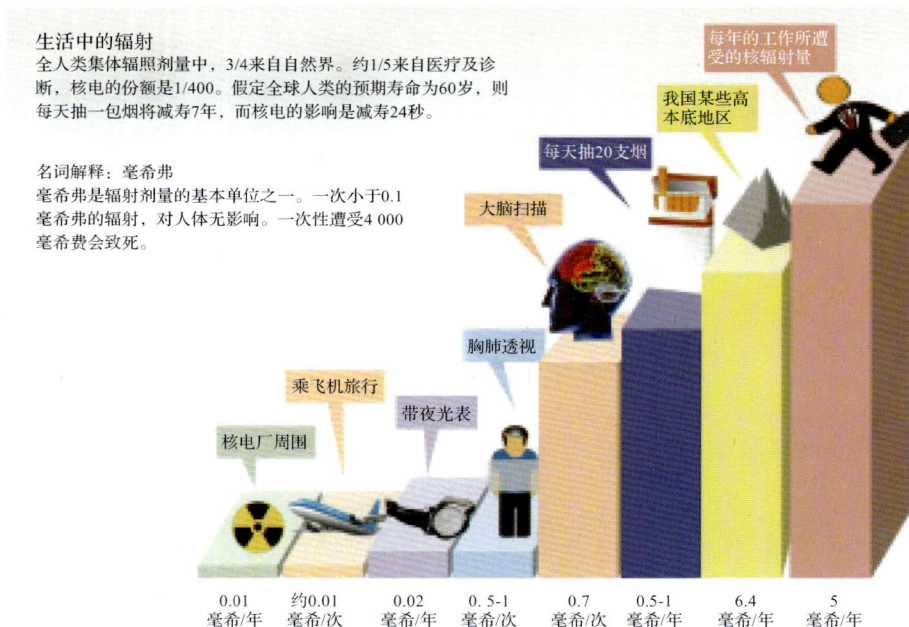

图3-2　生活中的辐射来源

三、辐射对人体的影响是怎么样的?

人体接受辐射照射后出现的健康危害来源于各种射线通过电离作用引起组织细胞中原子及由原子构成的分子的变化，这些变化也是原子激

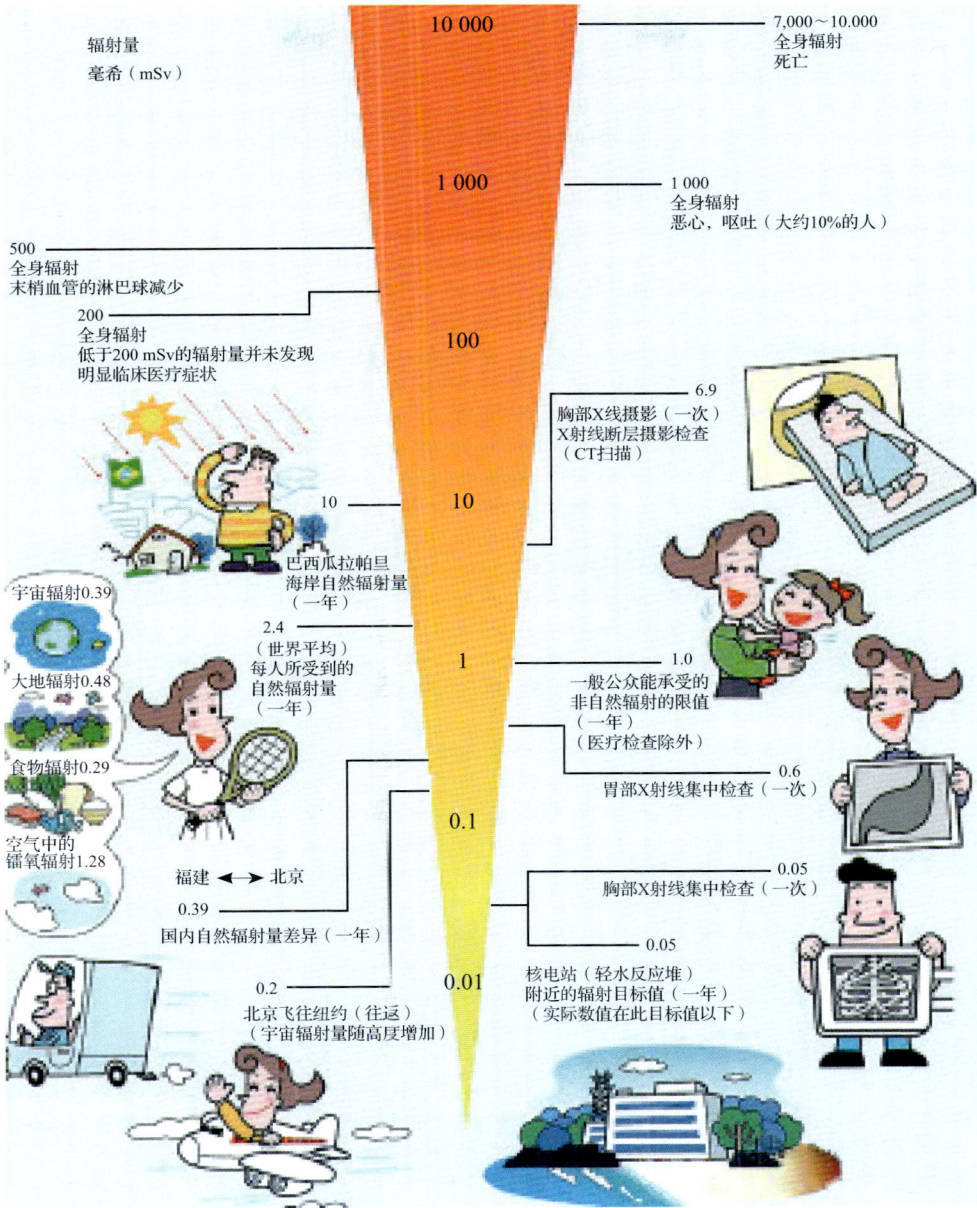

辐射量
毫希（mSv）

10 000

7,000～10.000
全身辐射
死亡

1 000

1 000
全身辐射
恶心，呕吐（大约10%的人）

500
全身辐射
末梢血管的淋巴球减少

200
全身辐射
低于200 mSv的辐射量并未发现
明显临床医疗症状

100

6.9
胸部X线摄影（一次）
X射线断层摄影检查
（CT扫描）

10

10

宇宙辐射0.39

大地辐射0.48

食物辐射0.29

空气中的
镭氡辐射1.28

巴西瓜拉帕旦
海岸自然辐射量
（一年）

2.4
（世界平均）
每人所受到的
自然辐射量
（一年）

1

1.0
一般公众能承受的
非自然辐射的限值
（一年）
（医疗检查除外）

0.6
胃部X射线集中检查（一次）

0.1

0.05
胸部X射线集中检查（一次）

福建 ←→ 北京

0.39
国内自然辐射量差异（一年）

0.01

0.05
核电站（轻水反应堆）
附近的辐射目标值（一年）
（实际数值在此目标值以下）

0.2
北京飞往纽约（往返）
（宇宙辐射量随高度增加）

图3-3　各项活动人体受到的辐射剂量及相关危害

（图片来源于科学松鼠会）

发的结果。电离和激发主要通过对DNA分子的作用使组织细胞受到损伤，导致各种健康危害。危害的性质和程度因辐射的物理学特性和机体的生物学背景而有所不同。它可以是发生在受照者本人的躯体性效应，也可以是因生殖细胞受到照射引起的发生在受照者后裔的遗传性效应；可以是超过一定水平照射后必然出现的确定性效应，也可以是受照水平虽低也不能完全避免的随机性效应。

人体一旦遭受到过量的电离辐射会对健康造成不良影响，但只要控制好辐照剂量水平，少量的电离辐射对人体的危害十分微小。各项活动人体受到的辐射剂量及相关危害见图3-3。

第二节　核电厂会产生哪些放射性射线

核电厂产生的放射性物质主要是堆芯的裂变产物。燃料元件的裂变产物，大部分被元件包壳包封，只有极少量的裂变产物通过破损的包壳泄漏到反应堆冷却剂中。核电厂另一个放射性物质来源是反应堆冷却剂系统材料的活化产物。核电厂放射性的主要来源见表3-1。

表3-1　核电厂放射性的主要来源

反应堆状态	辐射源		污染源（形成表面污染和空气污染）（表现为 α 和 β 辐射）
	堆芯中	冷却剂中	
运行	裂变中子 裂变 γ 裂变产物衰变 γ 活化产物衰变 γ	裂变产物衰变 γ 活化产物衰变 γ	放射性设备泄漏 放射性物质运输 放射性废物处理 放射性样品采集
停运	裂变产物衰变 γ 活化产物衰变 γ		大修换料、一回路及其相关设备开口 其余来源类似运行

由表3-1可知，核电厂的主要辐射源为堆芯和冷却剂。堆芯辐射在反应堆运行时主要是裂变中子、裂变γ射线，以及裂变产物和活化产物衰变产生的γ射线。反应堆停运时，由于核裂变停止，裂变中子、核裂变γ射线便不再产生。而无论反应堆运行与否，压力容器内冷却剂中的辐射源都是裂变产物和活化产物衰变产生的γ射线。堆芯和冷却剂的位置见图3-4。

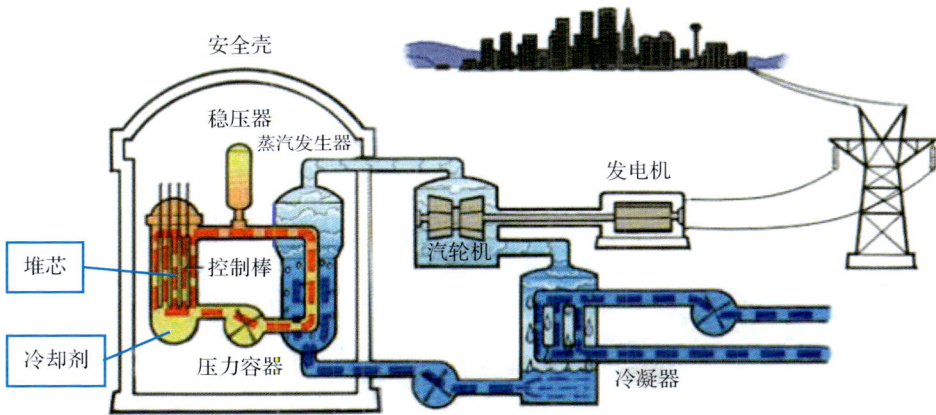

图3-4 堆芯和冷却剂的位置示意图

放射性物质中多数也发射α射线和β射线，但由于α射线和β射线在介质中的射程很短，很容易被吸收掉，因此放射性屏蔽设计中重点考虑的是裂变中子和γ射线。

综上，核电厂常见的辐射为中子辐射、γ辐射、α辐射和β辐射，均为电离辐射。

第三节 不同类型辐射的危害是什么

电离辐射对人体的危害，主要在于辐射的能量导致构成人体组织的细胞受到损伤。不同的电离辐射类型，对人体的危害情况也不一样。相对而言，有的辐射产生外照射的危害性大一些，而有的辐射产生内照射的危害性大一些。

- α粒子质量大、电荷多，在物质中的射程很短。能量最大的α粒子在空气中的射程有几厘米，但难以穿透人体外表的角质层，因此几乎不存在在外照射危害问题。但α粒子一旦进入人体，短射程这一特点就显得不寻常。此时，α辐射源被人体活组织所包围，损伤几乎集中在α辐射源附近。若α粒子沉积在体内某一器官，其能量可被该器官全部吸收，因而受到严重的伤害，因此α粒子的内照射危害值得重视。

- 与α粒子相比，β粒子在空气中的射程较大。能量较高的β粒子能穿透人体皮肤进入浅表组织，因此β粒子是具有较小外照射危害的辐射。β粒子在组织中射程较大，在组织的某一小体积内沉积的能量较α粒子小，对小体积内组织引起的损伤比α粒子要小。

- γ射线在空气和其他物质中的射程较大，也就是说其穿透力较强。即使处于离辐射源远处的组织，也会受到危害。当人体处于γ射线辐射场中时，会使所有器官和组织受到照射。就外照射而言，与α、β辐射相比，γ射线具有更大的危害性。由于γ射线在人体组织中的射程较大，甚至贯穿人体，因而在组织中某一小体积内沉积的能量较小，对人体组织损伤也较小。就内照射而言，γ射线的危害较α、β辐射小得多。

- 中子不带电，不论在空气中还是其它物质中，它都具有很大的射程，与γ一样，中子对人体的危害主要是外照射，但其产生的损伤程度要比γ射线大。中子引起内照射的机会极小，不论天然中子源，还是人工中子源，进入人体的机会极小。

不同辐射类型的穿透能力见图3-5，危害见表3-2。

图3-5 不同辐射类型的穿透能力

表3-2 不同辐射类型及其危害

粒子类型	主要危害性
α粒子	内照射
β粒子	内照射+外照射
γ射线（包括X射线）	外照射
中子	外照射

因此对于核电厂常见的几种辐射，就其相对危害而言，α和β辐射的潜在危害主要来自其内照射；而γ射线和中子辐射的潜在危害主要是外照射。针对不同的照射方式，核电厂采取了不同的防护方法来预防和

控制辐射对人体可能造成的危害。

第四节　核电厂都采取了哪些辐射防护措施

　　核电厂的辐射防护政策是在考虑经济和社会因素后，采取最优化设计使得个人受照剂量的大小、受照的人数及受照射的可能性均保持在"可合理达到的尽量低"的水平（ALARA原则）。辐射防护是在允许进行那些可能产生辐射照射的必要活动的同时，又要保护从事放射性工作者本人、公众和环境的辐射安全。

　　从设计上考虑，用来保持厂内职业人员受照的ALARA原则和总的设计原则遵从两个目的，即尽可能减少人员在辐射区域内的时间；尽可能降低常规辐射工作区以及需特别关注的放射性设备相连区域的辐射水平。

一、核电厂辐射防护有哪些措施？

　　核电厂辐射防护主要是从辐射源项控制、辐射分区、控制区子区的划分和潜在照射的几方面考虑，见表3-3。

表3-3　源项控制和内/外照射防护的设计措施

控制类型	设计措施
源项控制	裂变产物控制 腐蚀活化产物控制
外照射控制	屏蔽设计 设备的合理设置 各道屏蔽完整
内照射控制	通风系统设计

其中源项控制主要从对裂变产物的控制和对腐蚀活化产物的控制两方面进行考虑。裂变产物的控制主要依靠燃料包壳的包容作用，将其控制在燃料元件内；腐蚀活化产物的控制主要通过减少材料中的钴杂质、采用低钴硬质合金、改善一回路水化学特性、提高一回路的净化能力和进行去污等方式来实现。

外照射的控制主要通过屏蔽设计、设备的布置合理及保持各道屏障的完整性来实现。外照射的防护方法一般有四种，即缩短受照时间，增大与辐射源的距离，在人与辐射源之间设置屏蔽和控制辐射源项。

内照射的控制主要通过合理设计通风系统来降低工作场所的气载放射性物质的浓度来实现。内照射的防护方法是尽量减少放射性物质进入人体的机会。如建立污染控制区，个人穿戴呼吸保护器（见图3-6），控制区内禁止进食、吸烟等。

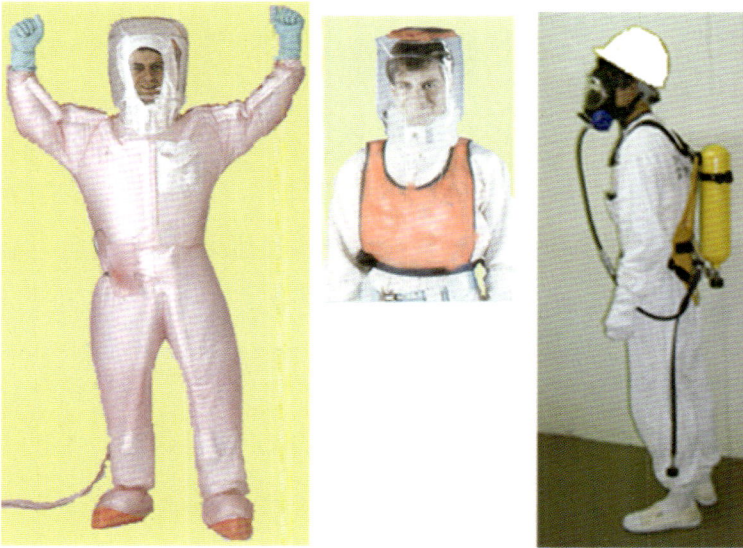

图3-6　人员防护措施（气衣、气面罩和呼吸面罩）

（1）辐射分区

为便于辐射防护管理和职业照射控制，将核电厂的辐射工作场所分为控制区和监督区，对控制区的出入进行严格管理。

在进行核电厂的辐射分区时，为控制正常工作条件下的正常照射和防止污染扩散，预防潜在照射，限制潜在照射的范围，将需要和可能需要专门防护手段或安全措施的区域定义为控制区。根据放射性操作水平，再将控制区划分为不同的子区，即绿区、黄区、橙区和红区，见图3-7。

图3-7　控制区标识

在核电厂厂区的一些区域辐射水平很低，且不属于辐射工作场所，但为了对核电厂进行更严格的管理，一般进入厂区按进入监督区对待。监督区通常不需要专门防护手段或安全措施。控制区进出流程见图3-8。

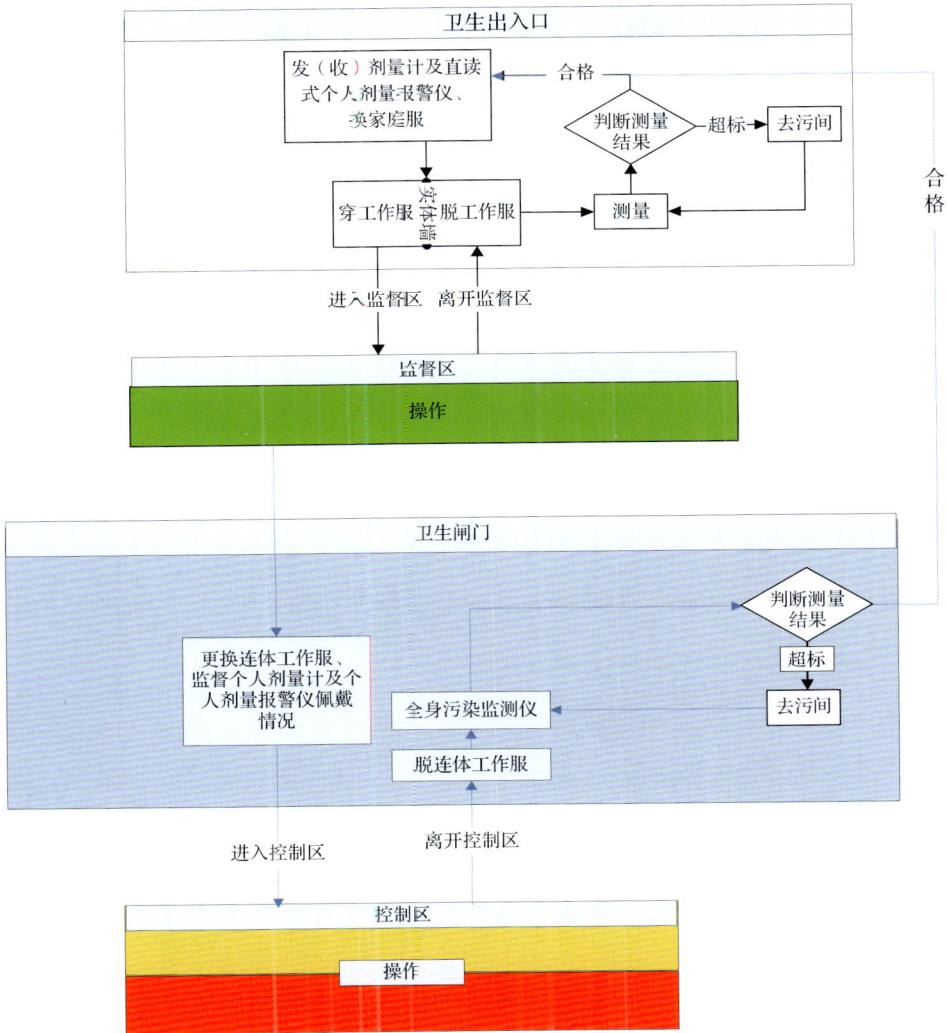

图3-8 控制区进出流程

（2）辐射屏蔽

核电厂辐射屏蔽的基本目标是确保核电厂工作人员和公众所接受的外照射剂量低于相应的规定限值。

普通混凝土是核电厂辐射屏蔽应用最广泛使用的材料，大量的墙体屏蔽材料都选用普通混凝土。厂房的防护门一般采用钢作屏蔽材料，个别情况用铅。在反应堆堆腔和乏燃料水池中，使用水作为生物屏蔽材料。

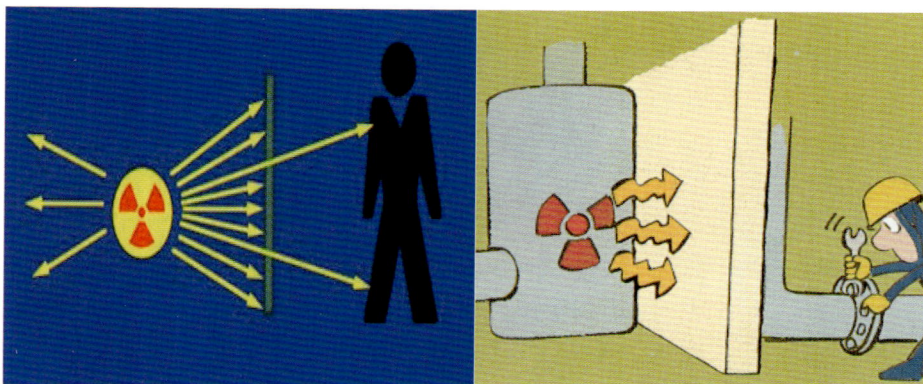

图3-9　屏蔽示意图

（3）通风

为尽量减少放射性产物在厂房内的循环或向环境的排放，在可能有辐射污染的房间内设置通风系统。

对于辐射防护，通风系统有四个主要功能：①收集气态放射性流出物；②在气态放射性流出物扩散之前且又不能直接收集的情况下，使房间和其他区域的污染水平降低到可接受状态；③限制放射性气体从有放射源的房间向其他放射性较低的房间扩散；④在气态流出物排放到环境之前，对气态流出物进行有效过滤。

（4）工作场所辐射监测

工作场所的辐射监测的目的是保证该场所的辐射水平及放射性污染水平低于预定的要求，以确保工作人员处于合乎防护要求的环境，同时还要能及时发现偏离上述要求的原因，以便及时纠正或采取相应的防护措施。

工作场所监测一般包括工作场所β、γ和中子射线的外照射水平监测；工作场所表面污染监测（见图3-10）；空气污染监测（见图3-11）。

图3-10　表面污染监测仪表

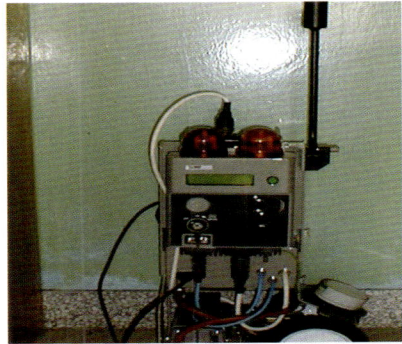

图3-11　气载放射性监测仪表

二、如何避免核电厂放射性的泄漏？

我国的核电厂设计有四道屏障保证安全，分别为燃料芯块、燃料包壳、一回路压力边界和安全壳，只要其中任何一道屏障是完整的，放射性物质就不会外逸（见图3-12）。详细介绍请见本文的第五章。

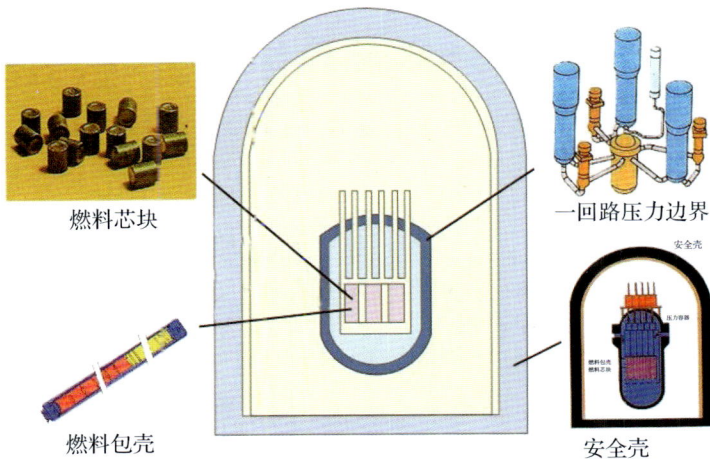

燃料芯块

一回路压力边界

安全壳

燃料包壳

安全壳

图3-12　核电厂纵深防御的四道屏障

第五节　核电厂产生的辐射对公众的影响分析

辐射是一种不以人的意志为转移的客观现象，环境中的电离辐射主要分为两类，一类是天然辐射，它的产生与人类活动无关，主要包括宇宙放射性核素和原生放射性核素（土壤、岩石中的铀、钍、镭、钾等）。另一类是人工辐射，即人类出于各种目的而生产、制造的具有放射线的核素，如镅-241、铯-137、钴-60等，被广泛用于农业、医学和科研等领域。核电厂由于采用了核裂变技术，反应堆内会产生放射性物质，但设计中已考虑采取多种措施来避免放射性对工作人员、公众和环境的影响。

而核电厂对周围居民和环境的辐射影响，主要表现为核电厂排放的气液态流出物中含有少量的放射性。对于流出物对公众造成的可能剂量影响，以及流出物中放射性物质的排放量，GB 6249《核动力厂环境辐射防护规定》中有严格要求。如GB 6249规定"任何厂址的所有核动力反应堆向环境释放的放射性物质对公众中任何个人造成的有效剂量，每年必须小于0.25毫希的剂量约束值，相当于去医院进行一次胸部透视的剂量。同时历年的监测结果表明我国运行核电厂向环境排放的流出物中放射性物质远低于国家标准所规定的限值要求。

举例来说，世界平均天然本底剂量为2.4毫希/人年，有的高本底地区可以达到10毫希/人年；北京至欧洲飞机往返一次的剂量为0.02毫希；一次胸部透视的剂量可以达到0.5～1毫希；每天吸20支烟的肺部剂量为0.5～1毫希；一次CT检查的剂量一般在0.3毫希。

案例分析：核电厂投入运营后，环保部门会对核电厂附近的放射性水平进行持续监测。以秦山核电厂为例，自1991年12月秦山核电厂投入运行以来，每年都会对基地外围环境陆地 γ 水平，以及气溶胶、沉降物、水体、土壤和生物等介质放射性核素含量进行监测分析。1992—2014年的监测结果显示，秦山核电厂基地外围的动物性食品（猪肉、羊肉、牛奶、鱼类等）中的放射性核素铯-137、锶-90和氚含量，与核电厂运行前本底值和对照点监测值相比，均在本底范围内。

为了评价核电厂运行给当地公众带来的剂量影响，监管部门利用实测数据对秦山核电厂对当地公众所致剂量进行了估算。结果显示：通过气态和液态排放途径对附近居民中个人所致的最大剂量远低于国家剂量约束值0.25毫希/年。由此可见，秦山核电厂的运行和检修未对周围环境产生影响。

总而言之，从放射性废物排放水平、外围环境介质中放射性水平、当地公众的额外剂量和当地公众死亡原因调查等多角度分析，核电厂的运行对周围公众的影响很小，几乎可以忽略。

第六节　核电厂排放的是什么？

核电与其他工业一样，其生产运行过程中会产生一些诸如粉尘、废热和化学产物之类的废物。核电厂产生的废物量很小，仅为同等功率燃煤电厂的十万分之一。但在核电厂的生产过程中，由于存在裂变产物及活化腐蚀产物等，会产生一些带有放射性的液体、气体和固体废物。为保护环境免受污染、防止工作人员和电厂周围居民受到过量的放射性辐照，核电厂在排出或再利用这些放射性废物之前，一定要采用必要的工艺对它们进行处理，经监测符合有关标准后再进行排放或回收再利用。

一、核电厂排放的放射性废物有哪些？

核电厂排放的放射性废物按照物理形态可分为放射性废气、放射性废液和放射性固体废物，按照放射性活度的大小，可分为高放射性废物、中放射性废物、低放射性废物和豁免废物。核电厂设计有放射性废物处理系统，以确保核电厂放射性流出物的年排放量符合国家规定的标准，对公众和运行人员造成的辐射剂量满足"可合理达到的尽量低"（ALARA）水平的要求。

中低放废物占核燃料循环设施产生的放射性废物体积的绝大部分，包含了气载、液体、固体三种形态。

二、核电厂排放的放射性废物如何处理处置？

核电厂产生的气载放射性废物一般都属于中低放射性废物，主要来源于核电厂一回路冷却剂，分为含氢废气和含氧废气。含氢废气可采用贮存衰变和滞留衰变的处理方法，待气体进行一段时间的衰变后进行取样分析，如放射性已降至符合排放控制要求即可将处理后的废气经通风系统烟囱排放；含氧废气经核岛排气和疏水系统集气管汇集后，由系统风机抽入，通过除碘处理达到排放标准后，再送入核辅助厂房的通风系统烟囱排放。

中低放射性废液主要包括一回路冷却剂排水及泄漏水、地板冲洗水、工艺疏排水、去污液和化学实验室排水。根据放射性废液的不同来源，选择使用蒸发、过滤或离子交换等处理方法将废液分离成净化液和浓缩液，从而达到废水净化的目的。

中低放固体废物处理办法是打包后贮存在核电厂废物暂存库中，为了有效存储，把固体废物包装暂存使其放射性衰变减弱以便将来进行废物解控或处置，见图3-13。

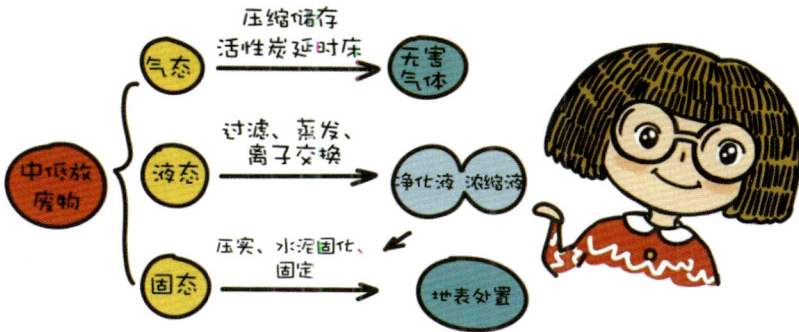

图3-13　中低放废物的处理方式简图

中低放废物数量大，放射性水平低，所含主要核素半衰期一般小于30年，因此，它们的最终处置采用近地表处置，将它们埋在深度不超过几十米的近地表。根据场址特征、废物特点、放射性总量进行设计，采用天然屏障和工程屏障相结合，使废物包容的短寿命放射性核素衰变到无害水平，包容的长寿命放射性核素和其他有毒物质环境的影响处于可接受的水平，并保证处置场运行期间和关闭之后对人类和环境没有危害，尽量减少关闭后长期维护的要求。目前世界上已有100多个低中放固体废物处置场，我国也有甘肃西北处置场和广东北龙处置场。

核电厂的三废治理设施与主体工程同时设计，同时施工，同时投产，其原则是尽量回收，把排放量减至最小，核电厂的固体废物完全不向环境排放，放射性液体废物转化为固体也不排放；像工作人员淋浴水、洗涤水之类的低放射性废水经过处理、检测合格后排放；气体废物经过滞留衰变和吸附，过滤后向高空排放。核电厂废物排放严格遵照国家标准，而实际排放的放射性物质的量远低于标准规定的允许值。所以，核电厂不会对给人生活和工农业生产带来有害的影响。

第七节　核电厂产生的乏燃料如何处理？

一、什么是乏燃料？

乏燃料属于核电厂的高放废物。核燃料组件在反应堆中使用时，随着核反应的进行，组件中易裂变核素铀-235不断消耗，当铀-235含量降低到一定程度时，该组件将从反应堆中卸出，置于乏燃料水池中经一定期间的暂存后送后处理厂处理。这些被卸出的不在反应堆中继续使用的核燃料组件称之为乏燃料。

图3-14为压水堆核电厂核燃料循环图，由图可以看出乏燃料从反应堆中卸出后被放置在核电厂的乏燃料水池中进行中间储存，然后再运往后处理厂处理，回收利用有用物质，并将最终产生的放射性物质进行处理和处置。

刚从反应堆中卸出的乏燃料具有较高的放射性和大量的衰变热，必须储存一段时间，待放射性和余热降到一定程度后再进行操作和处理。

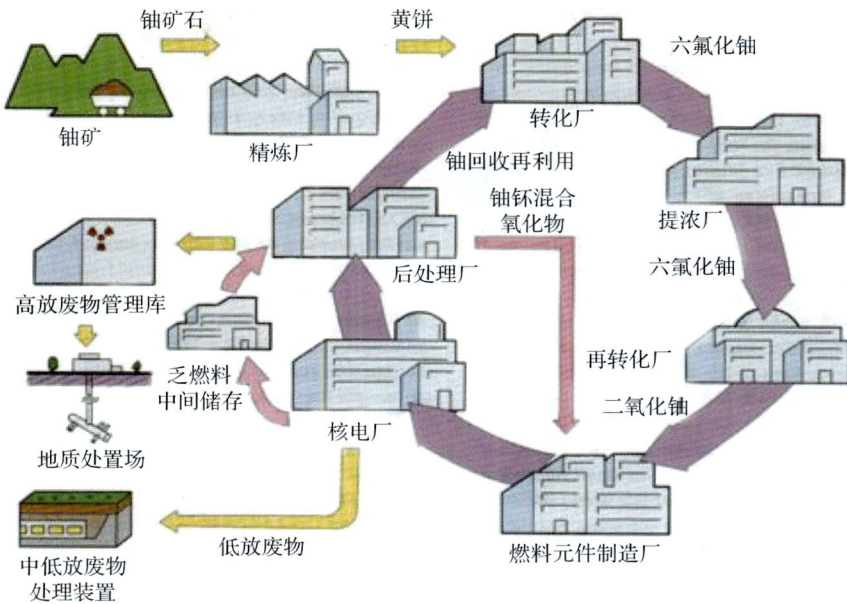

铀矿石　　　黄饼　　　　　　　　六氟化铀

铀矿　　　　精炼厂　　　　　　转化厂

铀回收再利用

铀钚混合
氧化物　　　　　　　　提浓厂

后处理厂　　　　　　　　　六氟化铀

高放废物管理库

再转化厂

乏燃料
中间储存　　　　　　　　　　二氧化铀

核电厂

地质处置场

中低放废物
处理装置　　　　低放废物　　　　燃料元件制造厂

图3-14　压水堆核电厂核燃料循环图

二、乏燃料如何储存？

核电厂厂区内乏燃料储存按照储存方式可分为湿式储存和干式储存两种。

（1）湿式储存

湿式储存就是采用水池贮存，核电厂中反应堆卸下的乏燃料暂时储存在乏燃料水池中，乏燃料水池中设有放置乏燃料的格架（见图3-15），并装有一定浓度的含硼水，以防止链式反应；水池中设有冷却系统以带走乏燃料的衰变热；水池中有足够的水深以达到工作人员辐射防护的要求。我国每个核电厂都有自己的乏燃料水池，水池中一般可以容纳15次换料大修（20年左右）卸出的乏燃料。放置乏燃料的乏燃料水池见图3-16。

图3-15　燃料格架安装现场　　图3-16　放置乏燃料的乏燃料水池

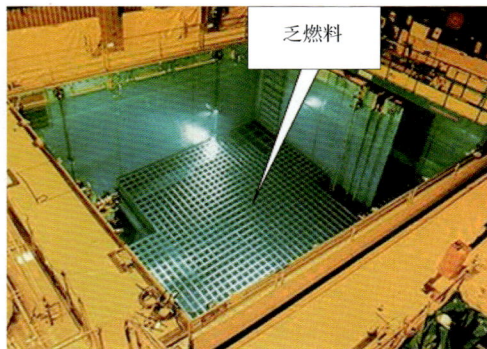

（2）干式储存

世界各国已建成的干式储存设施主要有空气冷却储存室、干式混凝土容器、干井及金属容器。但目前我国核电厂内还未设置干式储存设施，因为每个核电厂的乏燃料水池目前还有可容纳乏燃料的空间。

无论是湿式储存还是干式储存，设计中均要考虑乏燃料的特点，即保持乏燃料的次临界状态、顺利带走衰变热、满足人员辐射防护的要求。乏燃料的干式储存桶见图3-17。

图3-17　乏燃料的干式储存桶

三、乏燃料如何运输?

由于核电厂乏燃料的湿式和干式存储能力有限,并且只能作为暂时储存方式。这些乏燃料必须被运输到乏燃料后处理厂或其他地方进行乏燃料的后处理,中间势必会涉及到乏燃料的运输。

乏燃料的运输是在安全的防护措施下,用特殊容器和专用运输工具,将乏燃料运往后处理厂,各国对乏燃料的运输都有严格的要求。如:(1)必须严格遵照国际原子能机构《放射性物质安全运输规程》和本国相关规程进行运输;(2)根据本国特点,规定具体的运输审批制度;(3)乏燃料运输容器属B型货包,必须进行正常运输条件及事故运输条件下的试验,合格后方能使用;(4)操作人员需经技术培训,结业后才能操作。乏燃料运输容器见图3-18。

图3-18 乏燃料运输容器

四、乏燃料的后处理是什么？

乏燃料中含有的主要元素是铀和钚，乏燃料后处理的主要目的是：（1）回收可用核素，如铀-235和钚-239；（2）提取有用裂变产物；（3）去除长寿命的放射性核素和中子吸收截面大的裂变产物，以便进行放射性废物的处理和安全处置。

乏燃料在乏燃料水池中经一段时间（20年左右）的放置，放射性活度和余热水平降低，可以降低乏燃料后处理工艺上的技术难度。

乏燃料的后处理工艺可分为水法和干法两大类。目前水法的应用较为广泛。乏燃料后处理技术是把已经使用过的铀废料（乏燃料），以化学方法将铀和钚从裂变产物中分离出来，称为乏燃料再溶解和后处理技术。回收的铀和钚可在核电厂混合氧化物燃料中再循环利用，从而使铀资源得到更充分利用并减少浓缩需求。后处理也通过减少高放废物的体积和去除钚有助于废物的最终处置。

第八节　核电厂的退役

众所周知，汽车在行驶中会发生零部件的磨损，经历一定的年限后就无法继续使用。类似地，核电厂也是有寿命限制的。当设备和部件等不能满足设计要求从而保证核电厂的安全运行时，核电厂就必须退役了。一般来说，第二代核电厂的设计寿命是40年，第三代核电厂则是按照60年寿命来设计的。

核电厂的退役是指核电厂在商业运行结束后，经过去污与拆除，达到厂址不受限制利用的过程。

一、核电厂退役的目标和原则

核电厂退役，包括移去放射性物质、拆卸设备和厂房、清理厂址等过程，最终目标是无限制或有限制开放或使用场址，保护公众和环境。

退役遵循以下三个原则：①废物的最少化，②排放的最小化，③人员的辐射防护最优化。

二、核电厂退役的方法

目前，核电厂退役可分为三个策略（见表3-4）：

1）立即拆除；

2）延缓拆除；

3）封固埋葬。

表3-4 核电厂退役策略

退役策略	优势	劣势
立即拆除	较好的利用已有的辅助设施和设备以及熟悉的人员	工作人员受照剂量大；需采用或开发遥控机具
延缓拆除	降低退役工作人员的受照剂量	长期监督、维护、监测和安保，需持续的经费保证
封固埋葬	减少去污、拆卸工程量，减少废物的处置费用，减少工作人员受照剂量	场址条件有限制，人口较多、地下水位较浅不适宜采用该策略

反应堆内存在大量的放射性废物，监护封存一段时间后能显著降低放射性水平，对退役活动的开展有利。国际上已退役核电厂一般都采取延缓拆除方案。

三、核电厂退役的实施

核电厂退役实施过程中会分成若干个阶段，包括源项调查、去污、拆除解体、废物管理、辐射检测、辐射防护、场址清污等。

源项调查：在退役实施的前期阶段进行，对待退役设施及场址中的放射性及有毒有害源项进行分析、监测，为退役策略的制定、退役方案的选择和优化、退役经费和受照剂量的预估、退役废物的处理处置方案的制定等提供依据。

去污：是去除表面松散或较坚固的放射性沉积物的清洗过程。

拆除解体：拆除所有带放射性的设备和材料。拆除一般采取切割、解体和爆破等方法。有些部件不能清洗，只能切割成碎块运往处置场。堆内构件是在水下拆除的，反应堆容器可借助遥控机械手操纵等离子割炬或电弧锯拆下来。如反应堆容器体积不太大或距永久储存库较近，也可采用整体运输。对混凝土生物屏蔽常利用受控爆破，再加上遥控辅助设备，使其逐层剥除，直至拆毁整个结构。

四、放射性废物处置

退役产生的大部分放射性废物属于低放废物。低放废物能在无屏蔽的条件下包装。少量中放废物主要来自堆内构件。对退役中的废物，完全可以采用同处理核电厂正常运行时产生的废物一样的方法来进行处理。为了减少废物量，可以回收被轻微污染的材料，如钢、混凝土及铝；并可以重新利用受轻度污染的工具、设备和建筑物。

图3-19是德国格赖夫斯瓦尔德核电厂退役废物组成数据。

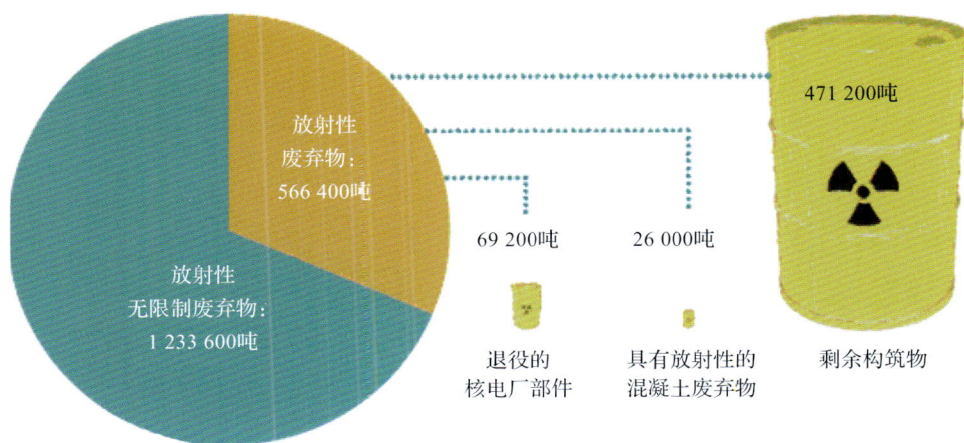

图3-19 德国格赖夫斯瓦尔德核电厂退役废物组成数据

五、核电厂的"养老金"——退役资金

企业职工必须缴纳养老保险。类似地，核电厂"年轻"的时候也要缴纳足够的"养老金"，积累足够的退役经费，保障退役工作的有效开展。

足够的退役资金是核电厂退役的重要前提。为保证核电厂的退役顺利进行，核电厂商业运行开始时，即在核电厂发电成本中强制提取、积累核电厂退役处理费用。在中央财政设立核电厂退役专项基金账户。

国际电能生产者预分配者联合会（UNIPEDE）在20世纪90年代初完成的一项研究报告中得出的结论是：退役费约占核电设施建造费用或基建费用的10%～20%。

参考文献

[1] 罗树妹.警惕天然辐射致病[J].家庭医学：下,2014(06):41-41.

[2] 庄振明.加强野外探伤作业监管确保辐射安全落实[J].中国辐射卫生,2011,20(1):83-84.

[3] 刘新华.核与辐射设施流出物的放射性解控排放[C]//中国核学会辐射防护分会2013年学术年会.2013:160-164.

[4] 樊远彬.住房室内氡危害及控制与测量[J].安徽预防医学杂志,2001(6):479-480.

[5] 王新明.放射性核污染的危害及预防措施[J].中国乡村医药,2011,18(6):3-4.

[6] 廖凤翔,金爱芳,骆柘璜,等.~(18)F-FDG PET/CT全身显像受检者辐射剂量研究[J].南昌大学学报:医学版,2013,53(10):44-46.

[7] 赵锋.某医院射波刀治疗中心辐射环境影响分析[C]//新农村建设与环境保护——华北五省市区环境科学学会第十六届学术年会优秀论文集.2009.

[8] 王莉莉,黄开颜,周彦,等.秦山核电基地周围环境生物样品中锶-90放射性水平监测[C]//中国核学会辐射防护分会2012年学术年会.2012:7-9.

[9] 符刚,邵亮,周彦,等.秦山核电基地外围Cs-137放射性水平监测[C]//第九届中国核学会"核科技、核应用、核经济(三核)"论坛.2012.

[10] 安洪振,徐春艳,毕升.我国核电厂低、中放废物区域处置现状及对策[J].中国核工业,2014(04):38-41.

[11] 刘超,钱海,翟健,等.西北处置场低中放固体废物处置实践[C]//中国核学会核化工分会放射性三废处理、处置专业委员会学术交流会论文集,2011:1-7.

[12] 环境保护部.GB6249—2011核动力厂环境辐射防护规定[S].北京:中国环境科学出版社,2011.

第四章
历史上的核事件

第一节　原子弹与核电厂

核电一直被誉为发展前景最好的高科技能源，然而与"核"字关联就很容易被联想到原子弹的核爆炸。由于核辐射看不见、闻不出、摸不着，容易给人一种未知的恐惧，故往往"谈核色变"。这就是人们对核电既青睐又害怕的缘由。那么核电厂会发生像原子弹那样的核爆炸呢？绝对不会！

诚然核电厂的动力源是核反应堆，其物理原理与原子弹同样都是以铀-235核燃料的链式裂变反应为基础，但核电厂与原子弹的设计思想、构造和部件是截然不同的。

首先，反应堆里装的是天然铀或低浓铀（铀-235富集度$2\%\sim5\%$），原子弹里装的是武器级铀（铀-235富集度$>90\%$）或者武器级钚（钚-239富集度$>93\%$）。燃料浓度差别非常大，就像酒精可以点着火，啤酒中酒精含量太少，点不着火一样。

其次，核电厂不同于原子弹，它是人工控制的自持链式反应装置，是一个临界系统。在临界系统中，可裂变原子核吸收的中子和释放的中子数量相同。也就是说，临界系统中核反应进行的速率是恒定的。而原子弹是一种不可控的自持链式反应装置，是一个超临界系统。在超临界系统中，原子核吸收的中子数小于释放的中子数量，因此核反应速度以几何级数的速度增加的。在极短时间内（不到几个微秒）释放出巨大的能量。

再次，原子弹内的主要成分都是为了裂变而存在的，与裂变反应无关的物质很少。而核电厂的反应堆内有着大量的冷却剂、慢化剂和结构材料。这些材料吸收了大量的中子，并将核反应过程中释放的能量转变为电能。

最后，原子弹引爆的机制是通过引爆高能炸药将原本分离的核炸药聚集到一起，使其超过临界体积而瞬间发生超临界的链式反应。而核电厂的反应堆，其对核燃料裂变反应具备能实施可控的、并且有多重安全措施，根本不具有发生类似原子弹极快速的链式裂变反应而爆炸的条件，一旦超过临界状态就会自动降低反应速率。在核电厂的结构设计下，核燃料几乎不可能有机会发生速度较高的链式反应。

因此，我们可以知道，核电厂不会像原子弹一样爆炸引发巨大的破坏。

第二节　核事件与核事故的分级

核能利用的历史充满曲折：它虽然以合理的价格提供了无碳能源，但也同时存在着堆芯熔融和造成核泄漏的危险。全球核电的发展都必须严防发生核事故，这需要国际合作；同时核事故的影响往往没有国界，因此全世界需要有共同的核事故分级标准。国际原子能机构（IAEA）

和经济合作发展组织（OECD）的核能署（NEA），联合组织专家制定了统一的国际核事件分级表，并且其使用应受IAEA监察。这个分级表是以统一的用语向全球公众快速报道核事件安全重要性的一种手段。通过正确定级，使核科学技术界、核电企业、各种新闻传媒和广大公众之间达成共识与理解。一般在核事故发生后不久，便可对事件或事故进行临时评级，并在事后予以确认；当进一步调查或获得更多资料后，有可能需要重新调整核事故的评级。

中国国家核安全局的《核事件分级手册》是在我国的核安全法规框架下，以2008年IAEA发布的《国际核与放射事件分级表》为蓝本，结合我国的实际情况和现有的核安全法规而编制完成的，旨在用作我国核事件分级的指导性文件。

目前国际核事件分级表共划分为0～7级（见图4-1）。每个等级用一个明确的短语来描述。按严重程度的递增排列，它们是："异常"，"事件""重大事件""影响范围有限的事故""影响范围较大的事故""重大事故"和"特大事故"。0级属于在安全上没有重要意义的偏差现象；安全上无重要意义的事件则定为"分级表以下/0级"。与核与辐射安全无关的事件，分级表不对它们进行定级。1至3级称为核事件，1级为异常或故障，2级为事件，3级为严重事件；4级至7级是严重程度越来越高的核事故，4级事故主要局限于场内风险，5级则有场外广泛后果的危险，6级属于大量核辐射泄漏的严重核事故，7级为特别重大核事故。

INES分级表中每增加一级，事件的严重程度将增加大约一个数量级（即分级表是呈对数变化的）。1986年切尔诺贝利核事故在分级表中被定为7级，因为它对人和环境造成了广泛的影响。在制订INES定级准则时考虑的关键因素之一是，确保不太严重和具有局部后果的事件与非常严重的事故明显分开。因此，1979年三哩岛核事故依据INES被定为5级。

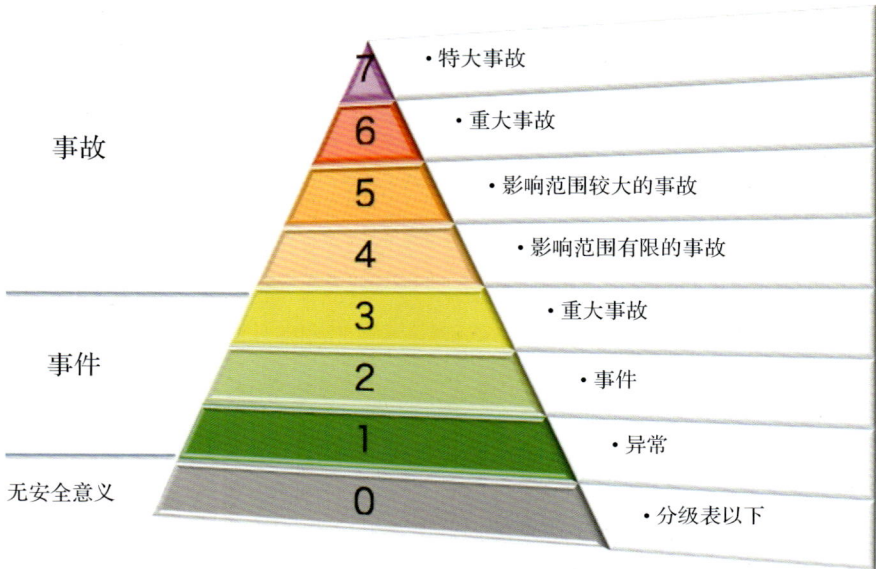

图4-1　核事件分级

INES分级表的结构如表4-1所示。依据事件对以下三个不同方面的影响来初步划分等级：人和环境；设施的放射性屏障和控制；以及纵深防御。

表 4-1　INES事件分级的一般准则

描述和 INES级别	人和环境	设施的放射性屏障 和控制	纵深防御
特大事故 7级	• 放射性物质大量释放，具有大范围健康和环境影响，要求实施计划的和扩展的应对措施		
重大事故 6级	• 放射性物质明显释放，可能要求实施计划的应对措施		
影响范围较大的事故 5级	• 放射性物质有限释放，可能要求实施部分计划的应对措施 • 辐射照射造成多人死亡	• 反应堆堆芯受到严重损坏 • 放射性物质在设施范围内大量释放，公众受到明显照射的概率高。其发生原因可能是重大临界事故或火灾	
影响范围有限的事故 4级	• 放射性物质少量释放，除需要局部采取食物控制外，不太可能要求实施所计划的应对措施 • 至少有1人死于辐射照射	• 燃料熔化或损坏造成堆芯放射性总量释放超过0.1% • 放射性物质在设施范围内明显释放，公众受到明显照射的概率高	
重大事件 3级	• 受照剂量超过工作人员法定年限值的10倍 • 辐射造成非致命确定性健康效应（例如烧伤）	• 工作区的辐射剂量率超过1希/时 • 在设施内，设计预期之外的区域造成了明显的污染，公众受到明显照射的概率低	• 核电厂接近发生事故，安全措施全部失效 • 高活度密封放射源丢失或被盗 • 高活度密封放射源错误交付，且没有准备好适当的辐射程序来进行处理

63

续表

描述和 INES级别	人和环境	设施的放射性屏障 和控制	纵深防御
一般事件 2级	• 一名公众成员的受照剂量超过10毫希 • 一名工作人员的受照剂量超过法定年限值	• 工作区的辐射水平超过50毫希/时 • 设计中预期之外的区域内设施受到明显污染	• 安全措施明显失效，但无实际后果 • 发现高活度密封孤源、器件或运输货包，但安全措施保持完好
异常 1级			• 一名公众成员受到过量照射，超过法定限值 • 安全部件发生少量问题，但纵深防御仍然有效 • 低放放射源、装置或运输货包丢失或被盗

无安全意义（分级表以下/0级）

　　对人和环境的影响水平较低的事件，依据所受到的剂量和受到照射的人数进行定级。事件的最终定级需要考虑上述的所有相关准则。应对照每个相应准则考虑每起事件，导出的最高定级即为该事件的级别。最后需要核对与INES级别一般说明的符合性，以确保定级是合适的。

　　鉴于核电利用日益广泛，高科技的复杂核电设备和运行，可能在成千上万的大批元部件中发生个别小故障或小偏差，如没有构成对核安全的不良影响，仅属于3级以下事件甚至等外的0级，则不宜渲染成于事无补的核事故。所以国际分级表明确区别核事件与核事故是很重要的。如上所述，0级和1～3级事件与4级以上事故有着很严格的区别。准确的INES定级一般由专业人员根据《核事件分级手册》确定。

第三节　历史上核电厂发生的重大事故

支持核电的人会不遗余力地宣传核电是一种安全、清洁、高效的能源，而反对核电的人则会拿出一张张令人毛骨悚然的核事故照片来告诉民众核电是多么的可怕。世界上可能再也找不出一项技术，让支持派和反对派的意见反差如此之大了。然而，不管是"挺核"人士，还是"反核"人士，面对核事故，我们不应该刻意隐藏，也不应该肆意渲染，而应该客观、事实求是地来直面核事故。

从20世纪50年代开始到现在，核电已经发展了60多年。在这60多年的发展过程中，一共出现了三次重大核事故。这三次重大核事故出现在不同时期，也分布在不同地区。它们分别是：1979年发生在美国的三哩岛核事故，1986年发生在前苏联(现乌克兰)的切尔诺贝利核事故，和2011年发生在日本的福岛核事故。以下，让我们逐一回顾这三次重大核事故。

一、三哩岛核事故

三哩岛核事故是核电历史上第一次出现堆芯熔化的重大核事故，它是由一系列人为操作失误和机械故障的不断叠加造成的。但三哩岛核事故的后果并不是特别严重，既没有造成人员死亡，也没有出现大规模的放射性泄漏。然而，作为历史上第一次核事故，各国媒体大肆报道，加深了民众对核能的恐慌，也激发了西方反核潮流，反核开始成为了环保人士的工作内容之一。

1. 事故过程

1979年3月28日凌晨4时，位于美国宾夕法尼亚州首府哈里斯堡东南方向16千米处的三哩岛核电厂2号机组(TMI-2)正常运行，3名工作人员正在清洗汽轮机的凝结水系统。在清洗凝结水系统中，由于操作失误，导致汽轮机停机。汽轮机停机导致了二回路冷却能力下降，反应堆内温度和压力不断上升。这时，核电站的控制系统自动启动泄压阀，并自动实现紧急停堆。至此，上述的一切只是一件人为操作失误引起的反应堆紧急停堆事件，还不属于事故。

但是，泄压阀由于机械故障，自动开启后无法自动关闭，反应堆内的冷却剂不断向外泄漏，水位不断下降。对于这种情况，核电厂的专设安全系统也早有准备，高压安注自动启动。高压安注是通过其他系统给反应堆额外注水，以确保反应堆得到有效冷却。至此，事件已经发展成为事故了，当还属于设计基准事故，即设计中就已经考虑到有可能发生的事故，并设有应对事故的措施。

但是，荒唐的事情发生了。在高压安注系统启动之后，反应堆出现了一系列的安全警报，操作人员错误地解读警报信息，人为把高压安注的水泵关闭了。这一人为误操作就导致反应堆内的水位不断降低，燃料棒温度不断升高，直至最后发生堆芯熔化。

2. 事故后果

三哩岛核事故是核电历史上第一次出现堆芯熔化的核事故。它是由一系列人因事故和机械故障的不断叠加造成的，但它的后果并不是特别严重。整燃料产生的放射性惰性气体大约有30%～40%释放出来，有10%～15%的碘、锶、铯从燃料中释放出来。但由于安全壳的包容作用，释放至环境的放射性物质仅16居里，80千米范围内200万居民受到的集体剂量当量约20人•希，最大个人剂量小于1毫希。该核电厂，受剂量最多的3名工作人员分别受到38毫希、34毫希、31毫希的照射。这些数据表明三哩岛核电厂堆芯严重损坏事故造成的辐射影响是很小的。

三哩岛核事故的事故后果影响能够控制得如此之小，最主要的原因是它设计了安全壳。安全壳是一个墙厚达到1米的钢筋混凝土构筑物，它的坚固程度可以承受飞机的撞击。在三哩岛核电厂内部发生堆芯熔化之后，释放出来的放射性物质全成功地控制在了安全壳以内，从而保护了周围公众不受核辐射的影响。

三哩岛核事故让核电厂的设计人员认识到了堆芯熔化是可能发生的，在此之前大部分设计人员认为这是不可能发生的事情，因为他们设计了足够多的保护措施。在三哩岛事故之后，设计人员在防止堆芯熔化事故方面开展了大量的设计研究工作，有效提高了新建反应堆在这方面的抵抗能力。

二、切尔诺贝利核电厂泄漏

切尔诺贝利核事故是核电历史上最为严重的一次核事故，也是人类历史上最为严重的一次工业事故。它的发生有一部分原因是设计缺陷，但最主要还是人为因素。切尔诺贝利核电厂的技术在事故之后被逐步淘汰，目前已全部淘汰，现有的核电厂不会再发生类似的事故了。

1.事故过程

切尔诺贝利核事故是核电历史上最为严重的一次核事故。1986年4月26日，前苏联的切尔诺贝利核电厂4号反应堆，计划在停堆进行检修之前，执行汽轮发电机甩负荷试验，在此过程中发生了堆芯熔化和大量放射性外泄的严重事故。

切尔诺贝利核电厂4号堆是20世纪70年代初设计，此堆在设计上有以下缺陷：

（1）堆芯具有正空泡反应效应，并且在20%额定功率以下运行时，功率反应性净效应是正的；

（2）控制棒挤水棒的正反应性效应；

（3）起保护作用的安全棒的上端终点位置太高。

这些负面效应早在1983年同类型的立陶宛依格纳里娜核电厂的反应堆上就被发现，有关设计单位也进行了研究并提出过改进措施，但没有引起管理当局的重视，因而没有采取任何措施，甚至没有把这方面的信息通告各运行业主。

这次实验的准备工作极其草率，"实验大纲"并未严肃认真加以制定，"大纲"中有关实施过程轻描淡写，流于形式，"大纲"甚至还明确规定作实验时解除应急冷却系统的备用状态，有关操作人员对实验中可能出现的各种异常情况没有思想准备。

4月26日1时23分31秒，反应堆功率急剧上升。1时23分40秒，值班长下令按下紧急停堆按钮，使所有控制棒插入堆芯。由于大多数控制棒高悬于堆芯之上，在初始插入时因挤水棒正反应性效应与当时反应堆内的正空泡反应性和正功率反应性效应相结合，导致堆功率剧增。事后通过计算得到的堆功率值在40秒内达到满功率的100倍。

大约在1时24分左右，相继发生两次爆炸（间隔2～3秒），浓烟烈火直冲天空，高达1 000多米。火花溅落在反应堆厂房、发电机厂房建筑物屋顶，引起着火。同时由于油管损坏，电缆短路以及来自反应堆的强烈热辐射，引起附近区域30多处大火。

人类史上最严重的工业事故就这样发生了。

2. 事故后果

前苏联有关部门及时有效地组织了控制事故的工作。大火于26日晨5时被扑灭。向毁坏的反应堆投掷了碳化硼、白云石、铅、砂子、黏土等材料约5 000吨，用以封闭反应堆厂房和抑制裂变产物外逸。1986年11月在4号堆废墟上建起了钢和混凝土构成的密封建筑物（简称"石棺"），把废堆埋藏在里面。对切尔诺贝利核电厂厂区和周围地区持续地进行放射性污染清理。参加消除事故后果的总人数达20万之多。1986年4月27日至8月中，从切尔诺贝利核电厂周围地区（约30千米半径）疏散了116 000名居民。

在切尔诺贝利事故中，有237名职业人员受到有临床效应的超剂量辐照。其中134人患急性辐射病。当中28人在3个月内死亡，另外2名工作人员在爆炸事故中直接致死。

在1986年至1987年期间参加事故后果处理的20万人员接受的平均剂量约为100毫希。其中约10%人员受到的剂量为250毫希，少数人员受到的照射剂量大于500毫希。事故后从禁区（半径30千米）撤离的116 000名居民在疏散前已受到辐照，其中约10%的人受到的剂量大于50毫希，少于5%的居民受到大于100毫希的辐照剂量。

白俄罗斯、乌克兰和俄罗斯放射性污染最严重的地区居住的居民在此后70年内平均年照射剂量为2.3毫希（与全球平均本底辐射剂量2.4毫希相当），北半球各国受此事故影响最大的平均个人剂量约为0.8毫希～1.2毫希。基本可以认为没有大的影响。

三、福岛核事故

福岛核事故已经过去了四年，但当时电视上可怕的画面相信很多人还历历在目。9级地震加15米海啸，这是核电厂有史以来遇到最为严峻的挑战。在这样的挑战下，我们本来有很大的希望可以安全地渡过，但很可惜，我们没能做到。

1. 事故过程

2011年3月11日，日本东北太平洋地区发生里氏9.0级地震，继而发生了海啸，地震和海啸导致日本东部太平洋海岸区域大面积受灾。日本东北部海岸的4个核电厂受到了影响，包括女川核电厂、福岛第一核电厂、福岛第二核电厂和东海第二核电厂，其中福岛第一核电厂受到的影响最为严重。需要指出的是，受311大地震影响的4个核电厂均为沸水堆核电厂。

地震发生当日，福岛第一核电厂1～3号机组处于功率运行状态；4号机组处于停堆维修状态，所有燃料组件已经从堆芯转移到乏燃料水池；5号和6号机组也处于维修检查中，所有燃料组件已装入堆芯，其中5号机组反应堆压力容器正在进行打压测试，6号机组处于冷停堆状态。

地震发生后，福岛第一核电厂1～3号机组的反应堆自动停堆。正常情况下，应有六条输电线路可以向电厂提供电源，然而地震后由于断路器等遭到破坏以及输电塔倒塌，全部六路外电源均停止供电，电厂丧失所有厂外电源，同时应急柴油发电机按照预期启动并负载。

不幸的是，海啸发生后，由于海啸波高远超越机组所在的厂坪标高，福岛第一核电厂6台机组的反应堆厂房和汽轮机厂房均遭受了不同程度的水淹。海啸导致位于核岛辅助厂房内的10台应急柴油发电机由于水淹而失效，尚有3台应急柴油发电机由于位于独立的应急柴油发电机厂房而没有受到水淹损坏；除6号机组DG-6B的应急配电盘外，其他所有应急柴油发电机的应急配电盘和供电电缆均受水淹损坏。因此，海啸袭击之后福岛第一核电厂整个区域仅6号机组的1台应急柴油发电机可用，其他12台应急柴油发电机均已失效。此外，海啸及其导致的残骸严重损坏了海水冷却泵、滤网和设备，加之水淹导致电力的丧失，福岛第一核电厂丧失了所有最终热阱。

海啸还导致1、2号机组的蓄电池直流供电系统失效，导致电厂进入"盲"状态，即没有照明、控制系统失灵、仪表指示和显示系统（包括事故后监测系统）失效、没有驱动阀门动作的动力（包括交流、直流、压缩空气），要操作阀门必须到现场临时供电、临时供气或现场手动操作，难度很大。海啸虽然没有直接导致3号机组的蓄电池直流供电系统失效，但在事故后30小时蓄电池耗尽时，由于其充电器水淹失效而不能充电，随后也进入"盲"状态。

地震和海啸导致福岛第一核电厂长期丧失供电和最终热阱，TEPCO采取排气、通过消防泵注入海水等方式缓解事故后果。然而，应对措施却未能阻止事态的恶化，福岛第一核电厂1～3号机组均出现了堆芯熔毁，1、3、4号机组反应堆厂房亦发生氢气爆炸，大量放射性物质释放到环境中；福岛第一核电厂5、6号机组没有发生堆芯损坏，并成功实现了冷停堆。

2.事故后果

福岛第一核电厂1～3号机组安全壳的泄压排放和泄漏，以及反应堆厂房的氢气爆炸，导致放射性物质向环境的大量释放。显著的放射性物质释放开始于2011年3月12日，持续了近一周左右，而后开始逐步降低，到2011年4月初，释放率已降低到事故第一周释放率的千分之一或更低，并持续了数周时间。

许多组织对放射性物质的大气释放量进行了估算，虽然评估方法都有其局限性和不确定性，但是估算结果都显示碘-131的释放量在1×10^{17}～5×10^{17}贝可之间，占事故时1～3号机组碘-131总量的2%～8%；铯-137的释放量在0.6×10^{16}～2×10^{16}贝可之间，占事故时1～3号机组铯-137总量的1%～3%。与切尔诺贝利核事故相比，福岛核事故释放的碘-131和铯-137的量约为切尔诺贝利核事故的10%和20%。

2014年，联合国原子辐射影响科学委员会（UNSCEAR）评估了福岛事故所致职业照射和公众照射[12]。该项评估基于不同地区铯-137沉积浓度随时间的变化情况，以及受评估对象所处的位置和迁移情况。评估结果显示，在剂量率最高的撤离区内，成人在撤离前及撤离过程中受到照射的剂量平均低于10mSv，而更早撤离的人员所受剂量仅为成人的一半（5mSv）。甲状腺平均吸收剂量的估算值约35mGy，一岁婴儿有效剂量估算值是成人的两倍，甲状腺剂量约80mGy。居住在福岛市的成人，在事故后一年内所受的有效剂量平均值为4mSv，而一岁婴儿的有效剂量约为其两倍。

居住在福岛县其他地区或邻近县的公众的个人有效剂量与福岛市相当或更低，日本其他地区公众所受有效剂量更低。对于持续居住在福岛县内的居民，事故所致终身待积有效剂量的平均水平略高于10mSv，邻近国家及世界其他地区的个人有效剂量低于0.01mSv，远低于日本。

截至2012年10月底，约有25000名工作人员参与了福岛第一核电厂的事故缓解等活动，其中15%左右是东京电力公司（TEPCO）的员工，其余是承包商或分包商工作人员。根据记录，在事故后的前19个月，

25000名工作人员的平均有效剂量约为12mSv。其中约34%的人在这段时间中受到了超过10mSv的剂量，而0.7%的人（173个人）受到了超过100mSv的剂量，报告的最大有效剂量为679mSv。

对于12名内照射有效剂量超过100mSv的工作人员，确认他们受到的甲状腺吸收剂量范围在2-12Gy之间，来源主要是吸入的碘-131。

除此之外，美国国防部下属的8380名人员，在2011年3月11日至8月31日之间进行的监测表明，其中3%左右人员有可探测到的放射性活度水平，最大有效剂量约为0.4mSv，最大甲状腺吸收剂量为6.5mGy。

对事故后非人类物种的辐射剂量和影响的评估表明，海洋和陆地非人类物种的照射剂量除局部个例外，都处于很低水平，未观察到急性效应。

第四节　对于历次核事故的反思

到目前为止世界范围内的核电厂发生的3次INES级别最高的核事故，分别是：切尔诺贝利核事故（7级）、日本福岛核事故（7级），三哩岛核事故（5级）。

三哩岛事故、切尔诺贝利事故与福岛事故已被永远铭刻在核电历史的教科书上，三起事故的相继发生对核电发展造成了深远的影响。

三哩岛事故较大地影响了公众对核电的态度，它严重地打击了世界核电的发展。在20世纪70年代的能源危机后，西方主要工业国家都纷纷把核能作为化石能源的替代品，当时正处于核电厂大干快上的建设时期，三哩岛事故给当时的核电建设热潮不啻于迎头泼了一碗冰水，踩了个急刹车，大量计划建设的核电机组缓建或撤消。事故最大的受害者还是美国，到1992年，仅美国就取消了111台核电机组的订货。三哩岛事故后长达30年的时间，美国没有建设或投产过一台核电机组，作为世界核供货商龙头老大的西屋公司民用核设施生产几乎没有了订单，因此，只能大幅度缩减产能，核能方面的人才严重流失。正是从三哩岛事故开始，世界核电发展开始步入长达近30年的萧条期，1986年的切尔诺贝利事故，更是使全球的反核运动达到高潮，核电事业的发展遭受重挫。

切尔诺贝利核电厂是老式石墨慢化沸水反应堆，既没有快速反应的自动安全系统，又没有厚重的安全外壳。该类型反应堆及其紧急停堆系统在设计建造上的固有缺陷，加上运行中核安全管理存在问题，缺乏良好安全文化素养的工作人员在检修中违反操作规程各种因素综合一起导致了空前的核灾难。4号机组发生反应堆堆芯燃料元件破裂爆炸和蒸汽爆炸，石墨慢化剂等烈焰冲天喷发燃烧了10天，向外环境泄漏了超过8吨的放射性物质，其放射性活度按国际制单位约达到10^{18}贝可，造成乌克兰、白俄罗斯、俄罗斯以及欧洲数万平方千米的大面积严重放射性污染。

日本福岛第一核电厂，还不同于我国已建成核电厂多采用第二代的压水堆，而是20世纪60年代设计建造，于1971年3月投入商业运行，正好服役了40年的沸水堆，虽然具有最里层的核燃料壳、第二层压力容器和第三层安全外壳等三重安全屏障，但安全理念和防护措施介于第一代和第二代核电厂之间。此次事故发生了放射性泄漏，初发期的主要危险还是发生在核电厂场内，随后周围环境陆续检测出辐射泄漏污染。但其严重程度和污染后果显著小于前苏联切尔诺贝利核电事故。

同时，人们一直对三次严重的核电事故进行反思，三哩岛事故后，安全研究的重点集中在SBLOCA（小破口失水事故）、人因、规程等方面，特别是核电厂严重事故的研究。由于美国的《反应堆安全研究》（WASH1400）中曾经预言了与三哩岛事故相类似的事故序列，特别是作为严重事故研究必不可少的工具，PSA（概率安全分析）技术再次得到高度重视。美国在三哩岛事故后开展了三哩岛行动计划、IPE（independent plant evaluation）和IPEEE（IPE for external events计划），为了支持IPE计划的开展，美国NRC发表了NUREG-1150报告，选取了5个典型核电厂完成了PSA。这个报告成为PSA的经典报告，也为许多安全要求的制订提供了基础。

切尔诺贝利事故发生后，IAEA专家组在调查切尔诺贝利核电厂事故原因时，认为前苏联从体制层面到人员观念上存在着极大的欠缺，这种体制和人员观念的欠缺被称之为缺乏"安全文化"。1988年，IAEA在75-INSAG-3《核电安全的基本原则》中明确提出了"安全文化"的概念。

福岛核事故是三哩岛、切尔诺贝利核事故之后，世界核工业史上发生的最严重的核事故。福岛事故目前仍处在调查研究和总结阶段，但至少可以肯定，其必将促进各个核电国家全面审查在运、在建核电厂，进一步加强核安全防范措施。

因此，通过总结这三次严重的核事故，我们可以发现，使事故后果变得严重的原因有技术原因，也有人为原因。技术方面人们一直在进步，从最开始简陋的安全系统，到现在自动化的非能动系统，最新的技术甚至可以保证在事故发生之后3天完全无需人员干涉，也无需主动的功能组件进行参与，仅凭重力等非能动系统就可以使反应堆进入安全状态。

而人为方面的因素更是世界范围内主要关注点。从人员培训到核安全文化，从企业规范到国家法规，在保证核电安全的道路上各国都做出了大量的努力。

　　在中国，自从1984年国家核安全局成立后，广泛收集、仔细研究了核电发达国家的核安全法律、法规，并参照IAEA的核安全规定及导则，逐步确立了中国的核安全法规体系，对民用核设施实施了独立的核安全审评和监督。针对运行核电厂的法规体系主要包括《民用核设施安全监督管理条例》及其实施细则、《核动力厂运行安全规定》及其导则等。

　　我国的运行核电厂按照中华人民共和国《民用核设施安全监督管理条例》（HAF 001）以及中华人民共和国《民用核设施安全监督管理条例》实施细则之二附件一《核电厂营运单位报告制度》（HAF 001/02/01）中规定的要求向国家核安全局报告所发生的符合报告准则的运行事件。

　　经过20多年的发展，我国在核电机组的设计、建造、安装、调试和运行等方面都积累了丰富的经验，各阶段的质量保证体系已基本建立和健全，法律法规体系和核安全监管日臻完善，核电人才队伍和技术支持单位日益发展壮大，这些都保证了我国核电的安全运行，但也应清楚地看到核安全工作的长期性和复杂性。

　　核安全无国界，核安全重于泰山，核电业界正在积极吸取每一次核事故的经验教训，使核电技术水平不断提高，性能安全持续改进，确保核电厂安全高效地为人类发展服务。

　　人类历史上每项技术的发展，都会伴随着收益和风险。正如我们不会因为飞机有可能出事故就不乘坐飞机一样，我们同样不能因为核电厂有可能出事故就放弃核电。直面核事故，敬畏核安全。希望世界各国能够共同携手，让核事故不再发生。

参考文献

[1] 罗上庚. 走进核科学技术[M]. 北京：原子能出版社，2005：8-12.

[2] 郑钧正. 核电站与原子弹的区别[OL]. http://www.zhb.gov.cn/ztbd/rdzl/dzhaq/kpzs/201103/t20110328_207940.htm.

[3] 郑钧正. 核事件与核事故的区别[OL]. http://www.zhb.gov.cn/ztbd/rdzl/dzhaq/kpzs/201103/t20110328_207939.htm.

[4] 郑钧正. 日本福岛核事故与前苏联切尔诺贝利核事故的区别[OL]. http://www.zhb.gov.cn/ztbd/rdzl/dzhaq/kpzs/201103/t20110328_207935.htm.

[5] 环境保护部核与辐射安全中心事件评价与经验反馈部. 核事件分级手册[R].

[6] 环境保护部核与辐射安全中心事件评价与经验反馈部. 2012年运行核电厂经验反馈文件汇编，国外技术专题报告分卷[R]. 2012：1-10.

[7] 汤搏. 核安全问题的历史考察和若干基本概念[R]. 2013年10月.

[8] 环境保护部核与辐射安全中心事件评价与经验反馈部、对外交流合作部、核与辐射安全研究所. 日本福岛第一核电厂事故后恢复与补救行动[R]. 2015年11月.

[9] United Nations ScientificCommittee on the Effects of Atomic Radiation. Sources, Effects and Risks of Ionizing Radiation - UNSCEAR 2013 Report, Volume I, Scientific Annex A: Levels and Effects of Radiation Exposure Due to the Nuclear Accident after the 2011 Great East-Japan Earthquake and Tsunami. New York: UNSCEAR[OL]. http://www.unscear.org/docs/reports/2013/14-06336_Report_2013_Annex_A_Ebook_website.pdf. 2014.

[10] 赵丹. 一个痛定思痛的回顾:写在三哩岛事故三十周年之际[OL]. http://www.chinaequip.gov.cn/2009-06/10/c_13147222.htm. 2009年6月10日.

[11] 环境保护部核与辐射监管二司，环境保护部核与辐射安全中心. 中国核电厂运行事件综合报告(2012版)[M]. 北京：中国环境科学出版社，2012：1,67-69.

[12] United Nations Scientific Committee on the Effects of Atomic Radiation. Sources, Effects and Risks of Ionizing Radiation - UNSCEAR 2013 Report, Volume I, Scientific Annex A: Levels and Effects of Radiation Exposure Due to the Nuclear Accident after the 2011 Great East-Japan Earthquake and Tsunami. New York: UNSCEAR, 2014. [EB/OL]. http://www.unscear.org/docs/reports/2013/15-0285_Report_2013_AnnexA_Ebook_web.pdf.

第五章
核电厂的安全保障

第一节　核电厂安全保障全过程

一、严格的选址标准

核电厂的选址遵循技术经济、安全性能、环境安全和社会稳定四大原则，厂址选择需要经过反复周密的论证，主要考虑两方面的因素。一是安全方面因素：包括可能影响厂址适宜性的特征，其一要考虑会影响核电厂对环境潜在放射性后果的特征，如厂址周围的人口分布、气象和水文条件等；其二要充分论证厂址所在区域存在对核电厂可能有严重影响的极端外部事件，如地质条件、地震、海啸、洪水、极端气象、飞机坠毁和化学品爆炸等。二是非安全方面因素：主要包括电网、运行条件、地形、供水以及其他的社会经济因素等。

我国核电厂址对地质、地震、水文、气象等自然条件和工农业生产及居民生活等社会环境有着严格的标准。这些要求包括：稳定的地质结构、适宜的气象环境、适合的水文条件、与空中水上航道保持安全距离、周边较低的人口密度、周边便捷的交通。

1. 稳定的地质结构：在选址阶段会研究拟选厂址是否存在能动断层，判断未来发生地震的可能性。

2. 适宜的气象环境：在选址阶段就会对厂址附近的极端气象要素的强度和频率进行评估，例如台风、龙卷风、高温、暴雪等等，确定出足够高的设计基准以防范这些因素对核电厂的可能影响。

3. 适合的水文条件：一个适宜的厂址除了要保证足够的冷却水、淡水供应外，还要分析厂址附近可能对核电厂有严重影响的海啸等极端水文事件。

4. 与空中水上航道保持安全距离：核电厂的厂址须和空中以及水上航道保持安全距离，防止飞机坠落、航船事故等对电厂造成影响。

5. 周边较低的人口密度：核电厂应尽可能的建在人口密度较低的地区，距离人口中心有足够远的距离。

6. 周边便捷的交通：核电厂周边的交通要便利，一方面是便于建造、运行核电厂的物资和人员的运输，另一方面，在事故时也便于人员疏散和救援行动的开展。

二、核电厂的三大基本安全功能

为了保证核电厂的安全，在各种运行状态下、在发生设计基准事故期间和之后以及在发生所选定的超设计基准的事故工况下，都必须执行下列三大基本安全功能：

一是控制反应性：反应堆内装有由易吸收中子的材料制成的控制

棒，通过调节控制棒的位置来控制核裂变反应的速度。

二是导出堆芯热量：为了避免由于过热而引起堆内燃料元件的损坏，必须导出燃料元件棒内燃料芯块释放的热量，见图5-1。

三是放射性物质的包容：为了避免放射性产物扩散到环境中，在核燃料和环境之间设置了多道屏障。

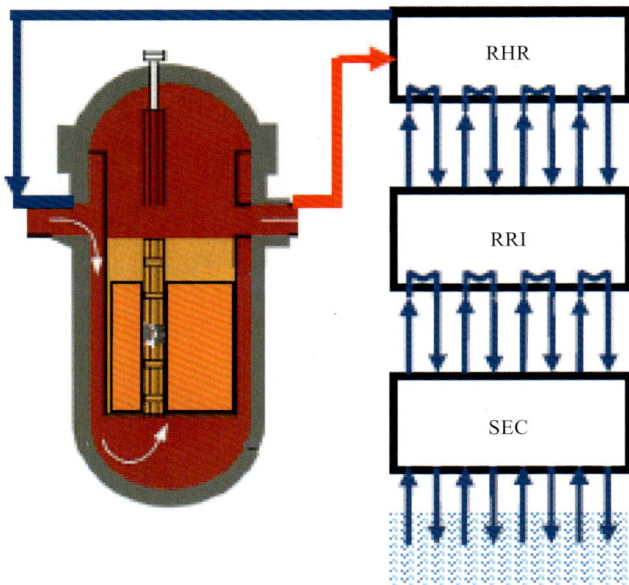

图5-1　反应堆热交换原理图

三、五大技术措施保证运行安全

1. 固有安全特性

压水堆首先设计成依据本身具有的物理特性来保证安全。运行过程中不可避免的某些扰动，不用外加控制手段和人为干预就能自动调整，称为"固有安全性"，见图5-2。

（1）当核功率意外上升时，在任何参数下都能立即自动"负反馈"，迫使功率回落到安全水平；

（2）当需要紧急停堆时，控制棒不需要外加动力，靠重力就能自动下落；

（3）当需要紧急向堆芯内注入冷却水时，即使安注泵启动不了，有一定压力的安注箱也可以向堆芯注水，同时把浓硼酸溶液注入堆内，补充控制棒的停堆能力；

（4）把蒸汽发生器布置在反应堆堆芯上方高处，一旦主冷却剂泵不起作用，靠密度差和重力差使一回路水自然循环，继续冷却堆芯。

图5-2 压水堆的设计中必须实现"固有安全性"

2. 保守的设计和事故分析

在压水堆核电厂的设计中，设想了近百种可能发生的事故，包括某些可能的事故叠加。根据它们发生的概率和后果的严重程度分成几类，形成国际上公认的事故类别表。

在正常运行、预计运行事件和设计基准事故的设计基准中，必须采用保守的设计措施和良好的工程实践，以保障不会发生反应堆堆芯的任何重大损坏；辐射剂量必须保持在规定的限值内，并且合理可行尽量低。

设计中还必须考虑核动力厂在特定的超设计基准事故（包括选定的严重事故中）的行为。

对每一个事故或事故组合，都用大型计算机程序分析计算，计算中还做了留有充分安全裕量的假设。计算结果必须满足规定的验收准则。为了确保计算的准确性，对于一些重要的假想事故，安全审评单位的专家还要进行独立的审核计算。

3. 专设安全设施

人们常用"以防万一"来形容对安全的重视和所采取措施的可靠，而核电厂的设计原则是"以防十万一""以防百万一"。而且为了防止可能性极小的意外发生，也采取了周密的措施。核电厂在事故工况下投入使用并执行安全功能，以控制事故后果，使反应堆在事故后达到稳定的、可接受状态而专门设置的各种安全系统总称为专设安全设施，如：安全注入系统、安全壳喷淋系统、安全壳隔离系统、安全壳消氢系统、辅助给水系统

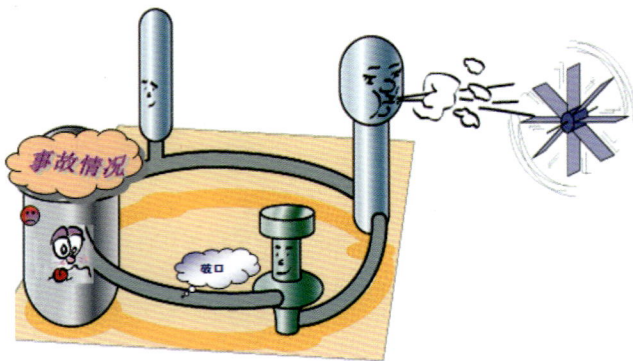

图5-3　核电厂的专设安全设施

等，见图5-3。

为使专设安全设施发挥其功能，设计中遵循下述原则：

（1）设备高度可靠。即使在发生安全停堆地震（在分析核电厂所在区域的地质和地震条件、分析当地地表下物质特性的基础上所确定的、可能发生的最大地震）的情况下，专设安全设施仍能发挥其应有的功能。

（2）系统满足多重性、多样性和独立性的要求。

（3）系统应定期检验，并能对系统及设备的性能进行试验，使其始终保持应有的功能。

（4）系统必须具备可靠的动力源。在发生断电事故时，柴油发电机可给系统提供动力源。

（5）系统必须具有足够的水量和水源。在发生一回路失水事故后，始终都满足堆芯冷却和安全壳冷却所需的水量。

4. 多样性、多重性和实体隔离

对安全非常重要的系统或设备，难保绝对不出故障。为了确保安全，多配置一份或几份备用的设备或系统，这就是"多重性"，也叫"冗余"，见图5-4。

为防止多重配置的系统同时出现故障，选用不同工作原理或者不同制造工艺的系统来执行同一个安全功能，这就是"多样性"。

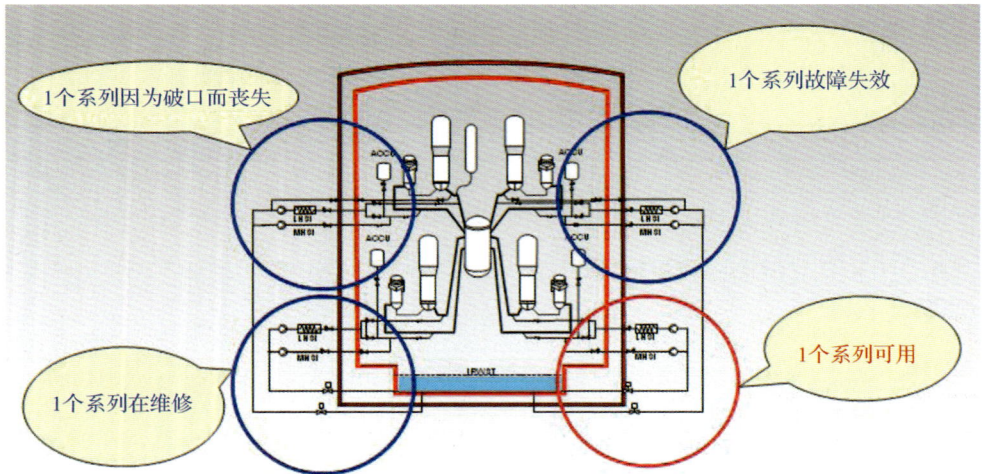

图5-4　核电厂系统和设备的多重性

为了防止因火灾、水淹、停电等引起系统全部同时失效，把冗余的系统或设备分别安装在不同的场所，并完全隔离，其供电也相互独立，这就叫"实体隔离"。这些都是国际上共同遵守的安全原则。

核电厂内的供电系统是应用这些原则的典型。一切重要设备都有两路可靠的外电源供电（多重性）。万一两路外电源同时断电，厂里还有大功率柴油发电机组和蓄电池组提供应急电源（多样性）。柴油发电机组和蓄电池组分别布置在互不相通的厂房内（实体隔离）。

5. 故障安全设计

核电机组中重要的安全系统如果出现故障，自动将机组引入到安全状态，这就叫做故障安全设计准则。核动力厂系统必须设计成在该系统或其部件发生故障时不需要采取任何操作而使核动力厂进入安全状态。

在某些情况下，采用故障安全原则为对付各种可能的故障提供一种附加的保护。"故障安全"意味朝着安全的方向失效。例如断电时控制棒因重力下落导致快速停堆；再如核电厂的许多阀门是电动的，没有电，阀门就不能动作。但向反应堆内补充冷却水的阀门，如果必须开启，在失电后就会固定在"开"的位置；而安全壳的隔离阀在失电后就会固定在"关"的位置。

四、四大管理措施保驾护航

1.国家实行严格的核安全监管

我国的核与辐射安全监管始终坚持"安全第一"根本方针，建立了核安全法规和制度体系，已形成包括1部法律、7部条例、29部部门规章、89部导则的较为完整的法规体系，见图5-5。

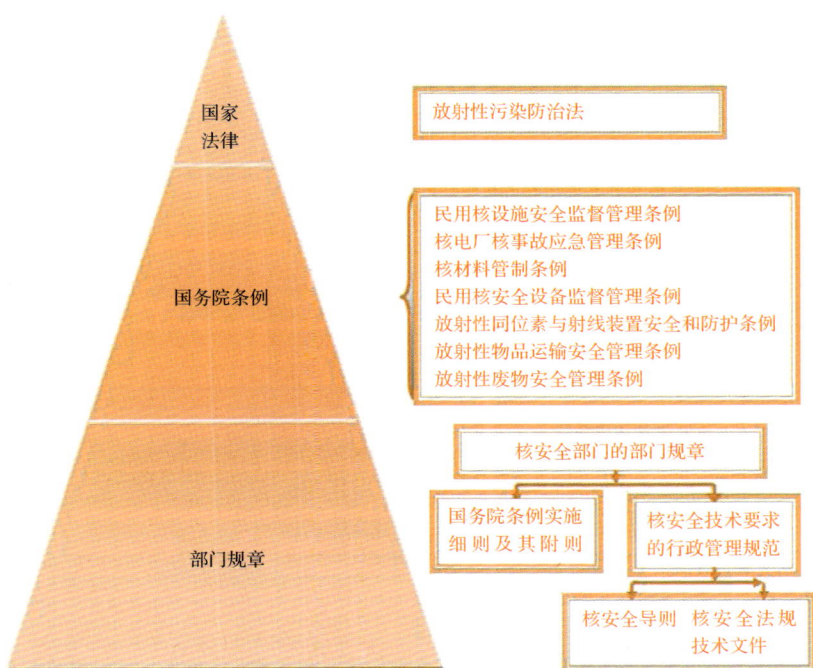

图5-5 我国核安全法规和制度体系

　　为了在核电厂的建造和营运中保证安全，保障工作人员和公众的健康，国务院于1986年10月29日发布了《中华人民共和国民用核设施安全监督管理条例》。条例规定国家核安全局对全国核设施安全实施统一监督，独立行使核安全监督权，国家核安全局在核设施集中的地区可以设立派出机构，实施安全监督。

　　针对核电厂，国家核安全局在选址、设计、建造、运行和退役等各阶段实施独立的核安全监管，包括了技术审评、行政许可、监督检查等环节。国家核安全局在全国设立了6个地区核与辐射安全监督站，向各核电厂派驻现场监督人员，对核电厂的活动进行全方位的现场监督。

　　核电厂在建造前，必须经审核批准获得《核设施建造许可证》后，方可动工建造；运行前，必须经审核批准获得允许装料（或投料）、调试的批准文件后，方可开始装载核燃料（或投料）进行启动调试工作；在获得《核设施运行许可证》后，方可正式运行。

图5-6　国家核安全局在各阶段实施独立的核安全监管

2. 良好的核安全文化

三哩岛和切尔诺贝利核事故的教训促使人们认识到，无论系统如何先进（严格审批、纵深防御、多道实体屏障和多安全系统），一旦人犯了直接或间接错误，都会引起某些设备失效，从而引发严重的核事故。同时，人的才智在查出和消除潜在的问题方面是十分有效的，这一点对安全有着积极的影响。核安全文化的提出为解决人因问题提供了一条可能的途径。

核安全文化是"一个组织的价值观和行为准则，由组织领导者构建并由组织成员将其内在化，使得核安全能够压倒一切"。我们最终期待的结果是确保核安全得到了压倒一切的重视，高于进度，高于成本，这样便可以最大可能的消除"人"的不确定因素。当核电厂中的每一个人，都将实现安全目标作为自己的首要职责，而最终也确实实现了这个目标，那么，这个行业就是安全的，核电厂就是安全的。

3. 核电厂实行严格的质量保证

核电质量保证体系是确保核安全的一道重要屏障，核电厂从选址、设计、建造到调试、运行和退役，每个阶段都有严密的质量保证大纲，每一个阶段的每项具体活动都有专门的质量保证程序。核电厂还实行内部和外部的监查制度，监督检查质量保证大纲与程序的实施情况及是否起到应有的作用。核电厂对工作人员的选聘、培训、考核和任用也十分严格，并且实行持证上岗制度，见图5-7。

图5-7　我国核电厂的质量保证体系

4. 核电厂的实体保卫

核电厂安全保卫工作的主要任务是：保障核材料的合法使用，防止丢失或被窃；保卫核设施，防止人为的破坏；阻止恐怖活动和非法入侵。

核电厂的安全保卫工作采取技术防范与管理措施防范相结合的方式。

技术防范措施体现在核电厂安全保卫的分区管理、周界控制以及出入口管理等方面，见图5-8。核电厂区域按重要程度被划分为四个不同等级的保卫区域（非监视区、控制区、保护区和要害区）并对其设置相应的周界控制和出入口管理措施。各个区域均设置了相应的实体保护屏障，保护区和要害区的周界更是设置了严密的探测网，通过视频监视网络、微波探测器、多普勒红外探测系统以及张力探测系统等多种高可靠性的高科技探测手段，可以及时有效探明并识别非法入侵活动并发出报警。

图5-8　核电厂的出入口管理非常严格

核电厂的管理防范措施主要体现在保卫的纵深防御、携物检查以及出入证件管理等方面。核电厂有严格的物品和人员出入管理制度，在厂区周界和各个出入口通过采用不同类型的入侵探测、出入口控制以及监视设备，实现了出入通行的自动控制和通行实时监控功能，形成了对人员、车辆和货物进出的有效控制管理。

此外，核电厂还有完善的安全保卫政策、程序体系和快速有效的突发事件处置和应急机制。在现场应急和突发事件处置指挥部的指挥下、常驻电厂的武警部队、公安民警、保卫干部和治安队伍，形成统一的特勤力量，按预先编制的反恐预案和突发事件处置流程快速响应，确保核电厂安全保卫的有效性。

第二节　核电厂的操作人员

核电操纵人员就是负责核电厂核反应堆及发电站等系统日常运行的

技术人员。他们在主控室里随时监控反应堆的运行状况，要对核电厂运行中遭遇到的各种状况有良好的应对能力，确保反应堆和发电机组等设备安全稳定运行。

操纵人员对于核电厂安全运行非常重要。历史上的事故大部分是不当操作导致的。一台百万千瓦的核电厂投资超过100亿元,一旦停机或者发生故障带来的损失就是上千万,所以操纵人员的培养至关重要,人才的选拔培养,慎之又慎。培养一个核电操纵员的费用,比培养飞行员花费还要高。我国最早的一批核电厂操纵人员主要是在法国进行培训,每人所花的费用大约相当于一般人体重的黄金重量,所以他们又被习惯地称为核电"黄金人"。

现在,随着核电技术逐渐实现国产化,操纵人员可以在国内接受培训,费用降低,但每人仍然花费上百万。

操纵人员选拔是对一个人综合素质的考量。不仅要求具备理工科本科以上学历,同时对学习成绩、身体素质、心理素质都有严格要求；培训时间长,一般都需要几年以上时间；学习强度大,相当于同时在读几个本科专业,并要求具备实践能力。在高级操纵员培训过程中,学员须完成100多门课程的学习,并且通过核电行业主管部门组织的现场考试、模拟机考试、笔试、口试。高级操纵员在正式上岗前还需要3 000个小时的实践操作,包括在常规电站、核电厂调试阶段操控,以及在其他核电厂的主控室随操纵人员进行的"影子培训"。

同时,国家对操纵人员执照的管理非常严格。按照规定,操纵人员离开岗位6个月,执照自动失效。即使持续在岗,每年也必须要有两周的模拟机培训,且每两年要重新进行执照考核。

第三节　核电厂的事故防护

一、核电厂纵深防御之五道防线

纵深防御概念应用于核电厂与安全有关的全部活动，包括与组织、人员行为或设计有关的方面，以保证这些活动均置于重叠措施的防御之下，用以防止事故并在未能防止事故时保证提供适当的保护。即使有一种故障发生，可以由适当的措施探测、补偿或纠正。核电厂纵深防御之五道防线见图5-9。

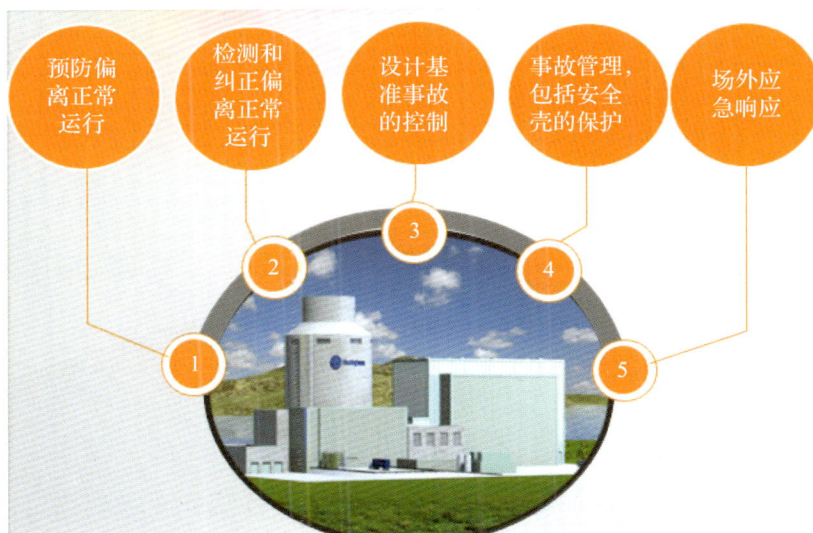

图5-9　核电厂纵深防御之五道防线

第一道防线：保证设计、制造、建造、运行等质量，预防偏离正常运行。

第二道防线：严格执行运行规程，遵守运行技术规范，使机组运行在设计限定的安全区间以内，及时检测和纠正偏差，对非正常运行加以

91

控制，防止它们演变为事故。

第三道防线：万一偏差未能及时纠正，发生设计基准事故时，自动启用电厂安全系统和保护系统，组织应急运行，防止事故恶化。

第四道防线：万一事故未能得到有效控制，启动事故处理规程，实施事故管理策略，保证安全壳不被破坏，防止放射性物质外泻。

第五道防线：即使在极端情况下，以上各道防线均告失效，进行场外应急响应，努力减轻事故对公众和环境的影响。

二、核电厂纵深防御之四道屏障

为保障公众和环境不受放射性物质的伤害和污染，防止和减少放射性物质向环境释放，压水堆核电厂设置了四道屏障（见图5-10），只要其中有一道屏障是完整的，就不会发生放射性物质外泄的事故。

第一道屏障为燃料芯块。核裂变产生的放射性物质98%以上滞留在二氧化铀陶瓷芯块中，不会释放出来。

第二道屏障为燃料包壳。燃料芯块密封在锆合金包壳内，防止燃料裂变产物和放射物质进入一回路水中，这是完全密闭的，即使产生的气体也密闭在这里，这里面留有一定的空间，而且锆管的燃料棒可以承受一定的压力，最大数量的密闭气体释放也不足以使它开裂。

第三道屏障为压力容器和一回路压力边界。由核燃料构成的堆芯封闭在钢质压力容器内，压力容器和整个一回路都是耐高压的，放射性物质不会泄漏到反应堆厂房中。

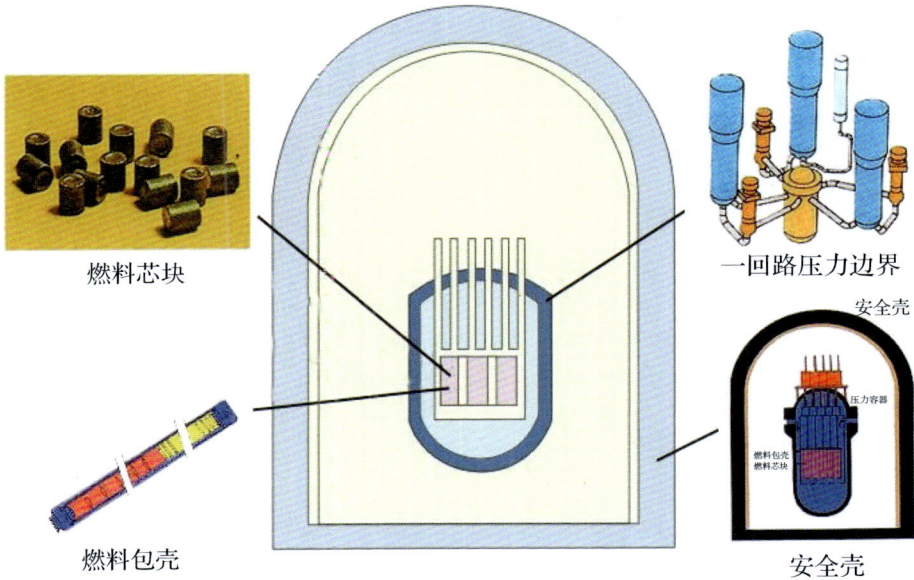

燃料芯块

一回路压力边界

安全壳

燃料包壳

安全壳

图5-10　核电厂纵深防御之四道屏障

第四道屏障为安全壳，就是混凝土的结构。安全壳是高30多米、直径约40多米的预应力钢筋混凝土构筑物，壁厚近1米，内表面还有6毫米厚的钢衬。它可以承受0.5兆帕（5个大气压）的压力，确保在所有事故情况下都可以把放射性物质包容在里面。

三、应对严重事故的考虑

严重事故即堆芯严重损坏事故，并有可能破坏安全壳的完整性，从而造成环境放射性污染及人身伤亡，产生十分巨大的损失。

严重事故发生的概率很低，但并不是不可能发生的。截至2015年底，世界商用核电厂发生过三次严重事故（三哩岛事故、切尔诺贝利事故和福岛事故）。因此，单纯考虑设计基准事故，不考虑严重事故的预防和缓解，不足以保证工作人员、公众和环境的安全。目前压水堆核电厂应对严重事故的措施见图5-11。

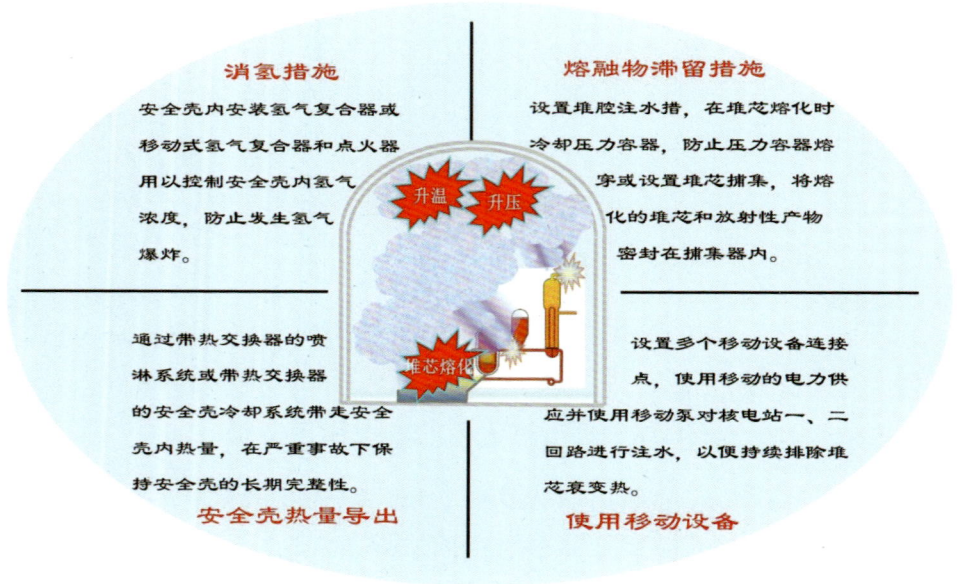

图5-11　核电厂应对严重事故的措施

第一，在严重事故下应能维持安全壳的完整性，必须消除威胁安全壳完整性的大体积氢爆炸风险；

第二，应有措施冷却堆芯熔融物并减轻堆芯熔融物与安全壳底部相互作用引起的后果；

第三，在严重事故下，应有长期可靠的手段排出安全壳内的热量；

第四，在严重事故下，应有足够的能力控制放射性物质的泄漏。

第四节　小结

核电作为一种非常重要的清洁能源，在我国社会经济发展中发挥了非常重要的作用。历经几十年的发展和壮大，我国的核电事业已取得了一定的成就。我国政府始终把核安全放在一切工作的首位，提出了"安全第一，质量第一"和"预防为主"的要求。"安全第一"的原则贯穿核工业一切工作的始终。安全第一，要求在核电厂各项工作中特别是核安全与其他问题产生冲突时，始终把核安全放在第一位；预防为主，就是对影响核安全的人员、机具、材料、方法和环境实施全过程的全面监控，把事故隐患消灭在萌芽状态。

我国核安全的保障贯穿核电的整个生命周期，更是全面覆盖核电涉及的各个领域。技术方面，我国的核电厂采取了一系列保证核安全的措施，包括：严格的选址，先进的设计，高质量的建造，安全的运行，可靠的管理和核安全文化，必要的经验反馈和纠正措施，应急计划的演习和实施等等；人员方面，我国核电厂是由层层选拔，标准严格的核电"黄金人"来进行操纵的；事故的预防和缓解方面，有纵深防御原则的五道防线为核安全保驾护航。这让我们有理由相信，我国的核电安全是有保障的。

参考文献

[1] 张永兴, 万兆钧, 方军,等. 核电厂选址的辐射安全准则和评价方法[J]. 辐射防护, 1983(06).

[2] 王德民, 沈道奋. 核电厂厂址与水文气象条件[J]. 电力建设, 1984（08）.

[3] 徐续, 赵锋, 谭承军,等. 与环境相关的水文条件在核电厂厂址比选中的考虑[J]. 中国核电, 2010(01):80-85.

[4] 王建军. 内陆核电厂址选择[C]// 中国核学会2007年学术年会. 2007.

[5] 王中平, 戴联筠. 我国核电厂选址中地震与地质工作现状分析[J]. 电力勘测设计, 2008(04):66-73.

[6] 于凤云, 刘建平, 刘江,等. 用于核电厂设计基准事故和严重事故下安全壳消氢的设计方法: CN, CN102306506 A[P]. 2012.

[7] 赵静, 陈淑林. 超设计基准和严重事故的考虑：节选自核电厂安全评价和确认（国际原子能机构IAEA《安全导则》）[J]. 国外核动力, 2004:50-51.

[8] 孙强. 低慢化压水堆堆芯物理特性研究[D]. 哈尔滨工程大学, 2013.

[9] 张世顺, 濮继龙, 岷肖,等. 一种改进型百万千瓦级压水堆核电站严重事故处理方法: CN, CN101217064 A[P]. 2008.

[10] 王社坤, 刘文斌. 我国核安全许可制度的体系梳理与完善[J]. 科技与法律, 2014(2):184-203.

[11] 李干杰, 周士荣. 中国核电安全性与核安全监管策略[J]. 现代电力, 2006, 23(5):11-15.

[12] 黄昕, 谭杰. 基于学习型组织理论的核电站核安全文化建设探讨[J]. 南华大学学报：社会科学版, 2012, 12(4):1-3.

[13] 苏玉. 核安全设备制造质量保证体系的建立和维护[C]// 第九届中国核学会"核科技、核应用、核经济(三核)"论坛. 2012.

[14] 姜福明. 加强人因管理,提高核电厂安全运营业绩[J]. 中国核电, 2011, 04(3):273-277.

[15] 向新明, 蒋振钢. 核电站安防系统设计与实施[C]// 2009电力行业信息化年会, 2009.

[16] 米静. 核电站的人因失误与预防管理[J]. 华中科技大学, 2008.

[17] 杨峰. 核电厂操纵员的选拔和培训[J]. 科技信息, 2010(25).

[18] 胡志绮, 张菁. 切尔诺贝利核电站事故初步人因分析[J]. 核科学与工程, 1987, Z1期.

[19] 炊晓东. 浅谈核电厂操纵人员严重事故缓解能力培训[J]. 科技与企业, 2014(08):86-87.

[20] 郑建锋, 丁卫东. 核电厂操纵人员执照考试管理[J]. 管理观察, 2013(13):18-20.

[21] 赵树玉, 孙磊, 魏鹏. 核电厂操纵人员培训及执照申请[J]. 现代企业文化, 2015(11):99-99.

[22] 张弛, 杨堤, 周丽敏. 在核电厂操纵人员资格核准工作中对其所要求文化程度的一点认识[J]. 核安全, 2007(1):13-18.

[23] 张涛革. 美国核设施退役中的废物最小化评价及应用[J]. 辐射防护通讯, 2011(2):41-46.

[24] 陈式. 放射性废物管理和核设施退役中几个问题的讨论[J]. 辐射防护, 2005, 24(6):343-346.

[25] 王旭东. 核设施退役与环境整治中 α 废物的最少化[J]. 辐射防护通讯, 2003(05):11-15.

[26] 陈式. 我国放射性废物的优化和最少化管理未来十年展望[J]. 辐射防护通讯, 2002(04):1-8.

[27] 郑莉. 压水堆核电站退役废物最小化研究[C]// 中国核学会核化工分会成立三十周年庆祝大会暨全国核化工学术交流年会会议论文集, 2010.

[28] 罗上庚. 核设施退役中几个值得重视的问题[J]. 辐射防护, 2004, 22(3):129-134.

[29] 谢云, 陈大华. 某核设施退役产生的低放废物整备[J]. 四川环境, 2013(2):113-117.

[30] 郭晗, 杨波, 龙远奎, 等. 我国核电站退役应考虑的几个问题[J]. 科技广场, 2010(8):162-164.

第六章
总　结

　　李克强总理在福清核电工程开工仪式上说过，"核电是清洁高效、安全可靠的新能源。推进核电建设是我国能源发展的重要方向。对于调整能源结构、保障能源安全、增强发展后劲具有重要作用"。总理的讲话指出了我国发展核电建设的重要性。目前我国已成为世界最大的电力生产国之一，且无论是从节能减排、政策支持还是铀燃料保障等角度，我国发展核电的条件已日趋成熟，正面临着前所未有的良好机遇。

　　同时，核电已成为世界诸多国家解决电力危机、缓解空气污染、拉动经济增长的重要选项。这对于我国来说是一个"不可错过"的机会，积极推进核电出口，能够促进我国核电事业又好又快安全发展，加快科技进步和创新，打造具有自主知识产权的核电品牌，尽快形成后来居上的强劲竞争力，在世界核电技术制高点和市场占据一席之地，实现由核电大国向核电强国的转变。

　　"大海航行靠舵手"，在核电建设欣欣向荣的同时，我们也要意识到核电的健康稳步发展离不开国家的严格监管。核安全是国家安全的重要组成部分。

　　30年来，我国核与辐射安全监管工作积极借鉴国际、国内其他工作领域先进监督管理模式、法规标准体系和运作机制，在实践中发展、在创新中进步，取得了令世人瞩目的安全业绩，也积累了丰富的核与辐射安全监管有益经验。多年来我国核设施建设和营运保持了良好的核安全记录和业绩，受到国际原子能机构和世界核电同行的称赞和认可，这与我国采用与国际接轨并具有中国特色的法规标准和监管模式是分不开的。

　　我国将继续坚持"适度发展核电"的方针，积极推进核电建设。在确保安全的基础上高效发展核电，通过发展核电对保障能源供应与安全，保护环境等方面起到积极的作用，实现电力工业结构化和可持续发展，提高我国综合经济实力、工业技术水平和国际地位。